모바일만 들고 떠나는

중국 남방도시 여행

모바일만 들고 떠나는
중국 남방도시 여행 (개정판)

초판 1쇄 발행 2019년 4월 8일
개정판 1쇄 발행 2022년 3월 14일

지은이 이중희
펴낸이 강수걸
기획실장 이수현
편집장 권경옥
편집 강나래 신지은 오해은
디자인 권문경 조은비
펴낸곳 산지니
등록 2005년 2월 7일 제333-3370000251002005000001호
주소 부산시 해운대구 수영강변대로 140 BCC 613호
전화 051-504-7070 | 팩스 051-507-7543
홈페이지 www.sanzinibook.com
전자우편 sanzini@sanzinibook.com
블로그 sanzinibook.tistory.com

ISBN 979-11-6861-020-0 03980

* 책값은 뒤표지에 있습니다.
* 잘못된 책은 구입하신 곳에서 교환해드립니다.

개정판

모바일만 들고 떠나는
중국 남방도시 여행

이중희 지음

산지니

일러두기

1. 맞춤법은 기본적으로 국어국립원의 표준국어대사전과 외래어 표기법을 따랐습니다. 인명과 지명, 건축물의 명칭 등은 과거와 현대를 구분하지 않고 현대 중국어로 표기했고, 필요한 경우 한자(간체자)를 병기했습니다. 다만 홍콩, 마카오는 예외로 했습니다.
2. 공자, 맹자 등과 같이 일반적으로 알려진 고대 인물이나 사원, 사찰의 이름은 한자 독음으로 표기했습니다. 거리와 기차역, 버스터미널의 이름에 쑨원서로, 광저우북역, 남부버스터미널처럼 동서남북이 들어간 경우는 한자 독음으로 표기하였습니다.
3. 모바일 앱에 관한 내용은 2019년 2월까지의 것으로 현재는 내용이 다를 수 있습니다.

오늘날 중국의 남방도시를 여행하는 방법

4차 산업혁명이 현대 도시인의 라이프스타일을 바꾸어가면서 여행의 방식도 달라지고 있다. 우리들은 대부분 무거운 여행 안내서를 넣은 배낭을 짊어지고 여행을 떠난 경험이 있을 것이다. 가이드를 따라다니면서 여행지를 둘러본 경험도 있을 것이다. 하지만 그런 여행의 풍경과 방식은 곧 추억 속으로 사라지고 말지도 모르겠다. 모바일 폰이 가이드와 안내서를 대체하고 있기 때문이다. 우리는 지금 모바일 폰 하나만 들고도 세계 곳곳을 여행할 수 있는 시대를 살고 있다.

미국과 함께 4차 산업혁명에서 앞서가고 있는 중국도 예외가 아니다. 더 이상 여행 안내서와 여행 가이드가 필요 없어졌다. 모바일 앱을 활용하면 중국 어느 지역이든 목적지를 쉽게 찾아갈 수 있다. 모바일 앱에서 비행기, 기차, 장거리 버스 예약이 가능하며, 가는 방법도 다양하게 제시된다. 호텔, 식당, 카페, 마트, 쇼핑몰은 기본이고 노점상에서도 모바일 앱으로 결제가 가능하다. 사용 방법도 쉽고 편리하다. 중국 모바일 앱은 중국어 기초 수준이면 누구나 이용할 수 있다.

이에 대해 자신 있게 말할 수 있는 이유는 필자가 직접 경험한 바이기 때문이다. 연구년인 2017년 9월부터 2018년 5월 사이에 중국 광둥성의 주하이시에 머물며 짬이 나는 대로 남방 지역의 30여 개 도시를 여행하였다. 전적으로 모바일에만 의존한 남방 장정이기도 했다. 여행을 다니는 동안 모바일 앱으로 예약한 숙소에 돌아와서 와이파이(wifi)

가 연결이 되면 한국 폰이나 중국 폰에 사진과 글을 업로드하여 그날의 기록을 남겼다.

필자가 마펑워와 바이두백과에 의지하여 직접 찾아다닌 남방도시들의 현대적이고 자본화한 풍경과 4차 산업혁명의 추세는 놀라울 정도였다. 중국 남방도시를 여행하며 여러 번 새긴 글귀는 '백문이 불여일견'이었다. 이러한 급격한 변화의 요인은 모바일 혁명, 소비 혁명, 교통 혁명이라는 주제로 요약할 수 있다. 모바일은 중국 남방 여행의 핵심적인 수단이다. 여행지의 정보는 각종 모바일 앱에 의존했는데 가이드와 안내서의 필요를 온전히 충족할 수 있었다. 소요되는 시간 또한 정확하게 예측할 수 있어서 동선을 짜기도 수월했다. 북방보다 소득수준이 높은 남방도시 곳곳에서 양적 팽창과 질적 전환을 이루어가는 소비 혁명도 탐색할 수 있었다. 교통 혁명은 도시 간의 이동을 증가시켰고 도시화를 더욱 가속화하고 있다. 이러한 혁명적인 변화의 결과로 중국에서의 삶도, 여행도 급격히 변하고 있다.

부정적인 면이 없는 것은 아니다. 중국의 폐쇄적인 인터넷 정책은 잘 알려져 있다. 실명제를 강력하게 실시함으로써 중국인의 사생활은 거대한 빅데이터로 정보화되고 있으며, 정부의 통제 아래 들어갔다고 할 수 있다. 모바일은 실명제 그 자체다.

실제 여행 기간은 5개월 정도로, 광대한 대륙의 도시들을 대중교통을 이용하여 점을 찍듯 여행한 것이어서 이 책의 내용은 여행 안내서로는 정보가 빈약하다. 애초부터 여행 정보를 제공하기 위한 것이 이 책의 집필 목적은 아니었다. 정보는 온라인에 넘쳐난다. 필자의 의도는 중국에서 자유여행을 하는 방법을 보여주고자 한 것이다. 그리고 이 책이 아직 우리나라에 잘 알려지지 않은 중국의 남방도시와 지역에 대한 개괄적인 이해에 도움이 되었으면 하는 것이다. 무엇보다 필자의 관심 분야인 지역의 기업과 브랜드를 육성하여 지역경제를 활성화한 지방정부의 경제 정책, 고대에서 근현대에 이르기까지 역사적인 문화의 현장을 보존하고 광대한 자연환경을 적극 활용한 관광 정책 등이 효과를 보고 있는 현장을 들여다보게 해줄 것이라고 생각한다. 북방과 다른 남방도시의 특성을 탐색할 수 있던 것도 여행의 흥미로움 중 하나였는데, 바다와 강과 호수가 많은 지역이므로 이와 연관한 역사, 문화, 경제에 대한 이야기를 여러 번 할 수밖에 없었다.

이 책을 읽은 독자들이 중국 남방도시에 관심을 갖게 되고, 모바일 폰 하나를 들고 필자가 다닌 도시들을 여행할 용기를 얻게 된다면 더할 나위 없겠다. 모바일을 통한 여행은 중국에 대한 이해를 새로운 방식으로 풍부하게 이끌어 줄 것이다.

마지막으로 이 책이 나올 수 있게 도움을 주신 분들에게 감사의 인사를 드린다. 먼저 남방도시를 여행할 기회를 제공해주신 중산대의 류위 교수님께 감사드린다. 중국 폰 사용법을 많이 알려주고, 필자의 제자이기도 한 지린대 주하이캠퍼스의 양동훈 교수에게도 감사를 표한다. 중앙일보 서유진 기자님은 일부 원고를 정리해서 〈네이버 중국〉에 게재해주셨다. 산지니의 강수걸 대표님은 흔쾌히 출판을 허락해주셨다. 원고를 꼼꼼히 읽으신 안선영 기획실장님은 많은 제안과 교정을 해주셨다. 이 책의 개선에 큰 도움이 되었다. 오랜 기간 잦은 중국 출장으로 잘 챙겨주지 못한 두 아들과 자부에게도 감사하다. 마지막으로 5개월의 중국 여행 기간 동안 가족의 책무를 혼자 맡아준 아내가 없었으면 이 책은 나올 수가 없었다. 그러므로 이 책은 아내와 함께 쓴 것이나 다름없다. 서면을 통해 고마운 맘을 전한다.

2019년 2월 부산 부경대 연구실에서

이중희 올림

차례

3부 화동 지역

4부 서남 지역

5부 화중 지역

동북지역
서북 지역
화북 지역
헤이룽장성
지린성
닝샤후이족자치구
신장위구르자치구
라오닝성
네이멍구자치구
허베이성
산시성
지난
칭다오
산둥성
칭하이성
정저우
화동 지역
간쑤성
장쑤성
시짱(티벳)자치구
산시성
허난성
허페이
난징
상하이직할시
후베이성
안후이성
청두
항저우
쓰촨성
우한
저장성
라싸
충칭직할시
난창
후난성
장시성
구이양
푸저우
창사
서남 지역
구이저우성
타이베이
푸젠성
쿤밍
타이완
원난성
광둥성
이 선 아래 지역이
행정구역 개념의
남방의 범위다.
광시좡족자치구
광저우
난닝
홍콩특별행정구
화중 지역
마카오특별행정구
하이커우
화남 지역
하이난성

1부 여행을 떠나기 전에

1 남방의 범위

바이두백과에 따르면 다양한 남방 개념이 존재한다. 이 책에서는 남방의 범위를 행정구역 개념으로 한다.

1. 자연지리 개념

친링산맥-화이허 이남, 칭짱고원 동쪽 지역을 말한다. 동쪽으로는 동해에 접하고 남쪽으로는 남해에 접한다. 해안선의 길이는 전 중국의 3분의 2 이상에 이른다. 장쑤 대부분, 안후이 대부분, 저장, 상하이, 후베이, 후난, 장시, 윈난 대부분, 구이저우, 쓰촨 동부, 충칭, 산시 남부, 광시, 광둥, 홍콩, 마카오, 타이완, 간쑤 최남단, 허난 최남단이다. 남방 면적은 전 중국의 25%이고 인구는 전체의 55%를 점한다. 이 가운데 한족이 절대 다수를 차지하며 소수민족이 상대적으로 많은 지역은 서남과 중남 지역이다.

2. 남방과 북방이라는 이분법

경계는 쿤룬산맥-친링산맥-화이허다. 여기에 칭짱 지역이 추가된다.

3. 인문적 의미

중국 남부 연해지역을 말한다. 예컨대 광둥, 광시, 하이난, 푸젠 중남부, 윈난 최남부, 홍콩, 마카오, 타이완을 말한다.

4. 행정구역 개념

중국을 7대 지역으로 구분할 때 화중, 화남, 화동, 서남, 동북, 서북, 화북 지역에서 북쪽 지역을 제외하고 살펴보면 다음과 같다. 화중 지역 가운데 남방에 속하는 행정구역은 후베이와 후난이다. 화동 지역에는 상하이, 장쑤, 저장, 안후이, 장시, 푸젠, 타이완이 포함된다. 화남 지역에는 광둥, 광시, 하이난, 홍콩, 마카오가 해당된다. 서남 지역에는 충칭, 쓰촨, 윈난, 구이저우가 속한다.

영남의 범위

남방 개념과 관련하여 알아두어야 할 용어는 중국말로 '링난'이라고 하는 '영남(岭南)'이다. 남방 지역에 있으면 링난이란 단어를 자주 접하게 된다. 예컨대 '링난 샤오츠(小吃)'나 '링난 량차(凉茶)'라고 쓴 간판을 자주 볼 수 있다. 바이두백과 정의에 따르면 지역적 범위가 우링산맥 남쪽 지방인 오늘날의 광둥, 광시, 하이난, 후난과 장시의 남쪽 일부다. 황제가 통치하던 시절에는 이 지역이 다른 의미를 가졌던 것으로 보인다.

남방 사람이 득세하고 있다

청이 몰락한 후 남방 출신이 득세하고 있다. 북방 민족이 세운 청 몰락의 계기가 된 신해혁명을 주도한 쑨원(孙文)의 고향은 광둥 중산이다. 이어 제1세대 혁명가인 마오쩌둥(毛泽东), 류사오치(刘少奇), 주더(朱德), 덩샤오핑(邓小平) 모두 남방 출신이다. 최근 4차 산업혁명을 주도하는 마윈(马云), 마화텅(马化腾) 등 IT 거물들 다수도 남방 출신이다.

중국 5대 상인

중국 5대 상인은 후이상, 저장상, 광둥상, 산시(山西)상, 쑤저우상인데 산시상을 제외하고 모두 남방 출신이다. 개혁개방을 거친 오늘날 중국 5대 신상방은 민난, 산둥, 광둥, 쑤난, 저장으로 산둥을 제외하고 모두 남방 출신이다.

남방 사람인 마오쩌둥이 중국식 사회주의의 뼈대를 세웠고, 덩샤오핑이 중국식 사회주의를 발전시켰다. 이제 남방 출신 IT 거물들은 중국식 사회주의의 또 다른 측면인 중국식 자본주의에 발 빠르게 적응하면서 4차 산업혁명을 주도하고 있다.

2 여행 앱

중국인의 여행 환경이 크게 달라지고 있다. 각종 통계와 자료에서 다음과 같은 점을 확인하였다.

1. 중국인의 국내외 여행이 폭발적으로 증가하고 있다.
2. 중국인의 여행 수요가 다양화하고 있다.
3. 여행의 새로운 수요자인 1980~1990년대 생은 대다수 자유여행을 선호한다.

이런 소비 성향의 변화와 더불어 모바일 인터넷 사용자의 급격한 증가도 여행 환경 변화의 가장 중요한 요인이다. 〈중국인터넷정보센터(中国互联网络信息中心)〉에 따르면 2018년 6월 모바일 인터넷 사용자는 8억 명으로 전체 인터넷 이용자의 98%에 이른다. 모바일 혁명이라 할만하다.

모바일 인터넷 사용자가 폭발적으로 증가함에 따라 온라인 여행 예약도 급등하였다. 온라인 여행 예약은 온라인으로 항공권, 기차표, 호텔, 관광과 휴양 상품 등을 예약하는 것을 말한다. 〈중국인터넷정보센터〉에 따르면 오늘날(2018년 6월) 중국에서 인터넷 이용자의 절반이 온라인에서 여행 예약을 하고 있다.

인터넷 여행 예약의 증가는 자연스럽게 여행 플랫폼이 발전하는 계기가 되었다. 이런 환경 변화에 가장 잘 부응하는 여행 플랫폼은 말벌집이라는 독특한 이름의 마펑워(马蜂窝)다. 일반적으로 중국에서 많이 사용되는 세 개의 여행 플랫폼은 진화 과정을 보여준다. 1단계에 씨트립(携程), 2단계에 취나얼(去哪儿), 3단계에 마펑워로 발전했다고 보고 있다.

여행 가이드가 필요 없는 중국

여행 앱은 상당 부분 오프라인 여행사나 여행 가이드를 대체하고 있다. 업데이트가 쉽게 되지 않는 여행 안내서 또한 이제 필요 없어졌다. 여행업만 아니라 다른 업종에서도 대체가 일어나고 있는 현상은 마찬가지다. 소비자들이 여행 앱을 통해서 자기 기호에 맞는 일정을 짤 수 있게 되면서 여행의 다양성이 나타났다.

여행 앱에 의존한 남방 여행

수십 개의 남방도시 탐방에서 절대적으로 의존한 여행 앱은 마펑워다. 16만여 개 호텔과 모텔 데이터를 가진 씨트립은 호텔과 모텔 예약이나 비행기표를 구입할 때 주로 활용했다. 그 외 대부분의 여행은 마펑워에 의존했다. 여행지, 여행경로 등 일정을 짜고 실제 여행을 할 때 편리한 점이 아주 많았기 때문이다.

다양한 정보를 제공하는 마펑워

한 도시의 여행을 예로 들어보자. 마펑워에서 광저우 면으로 들어가면 광저우의 첫 페이지에 공략(攻略), 명소(景点), 숙소(酒店), 미식(美食), 여행기(游记), 문답(问答), 특가 비행기와 숙소(特惠机酒), 단체관광(跟团游), 현지오락(当地玩乐), 쇼핑(购物), 오락(娱乐), 여행코스(行程线路), 항공권(机票)이 카테고리로 나뉘어 있다.

먼저 '공략'을 클릭하면 광저우의 전체적인 상황을 파악할 수 있다. '명소'는 환상적이다. 광저우의 명승고적이 다 나온다. '반드시 가야 할 톱 7(必有TOP7)'은 머물 시간이 부족할 때 특히 활용도가 높다. 광저우에 있는 사멘(沙面)이라는 관광지에 가고 싶다면 사멘을 클릭한다. 주소가 나오면 그 옆의 지도를 클릭, 다시 전자지도인 가오더지도(高德地图) 내비게이션을 클릭하면 교통수단에 따른 다양한 길을 안내한다.

차량 공유 서비스를 연결하는 마펑워

더 환상적인 기능은 디디추싱(滴滴出行) 앱과 같은 차량 공유 서비스로 연동되는 기능이다. 자오처(呼车)를 클릭하면 공유차량을 부를 수 있다. 현재 위치에서 목적지까지 예상요금이 나오기 때문에 택시를 탈지 여부를 판단할 수 있다. 도착 후 요금은 알리페이나 위챗페이의 청구금액을 승인만 하면 된다. 이처럼 연관 서비스가 바로 연결되어 자유여행이 더 쉬워졌다.

숙소 예약을 할 때 해당 도시의 지명을 입력하면 모든 호텔과 모텔이 나타난다. 숙박업소에 대한 거리와 가격 정보가 상세히 나온다. 숙소를 사용했던 고객이 올린, 수십 개에서 수백 개가 되는 사용후기를 볼 수도 있다.

빅데이터를 활용하는 마펑워

마펑워의 여행후기, 사용후기, 여행지 방문자수 등으로 보아 이 여행앱의 사용자 수는 엄청나다. 이런 정보를 바탕으로 한 빅데이터의 활용이 돋보이나 아직 업데이트 되지 않은 내용도 더러 발견했다. 마펑워 정보에 따라 난닝에서 시내투어버스를 찾았으나 얼마 전에 없어졌다고 한다. 입장료가 있다는 곳에 실제 가보면 없어진 경우도 있었다.

마평워의 경쟁력 세 가지

1. 자유여행에 최적화

마평워는 여행자들의 다양한 기호에 부응하여 자유여행에 가장 적합하게 만들어진 여행 플랫폼이 아닐까 싶다. 앞서 예로 든 마평워의 광저우 첫 페이지에서 알 수 있듯 여행자의 다양한 기호에 부응한다. 광저우의 맛집에 관심 있다면 '미식'을, 쇼핑에 관심 있다면 '쇼핑'을, 오락에 관심 있다면 '오락'을 클릭하면 된다. 현지에서 자유여행을 하면서 단체여행을 하고자 한다면 '현지오락'을 클릭하면 된다.

2. 빅데이터 활용과 실시간 게시

방문자 수나 평을 그때그때 게시하고 랭킹과 평가를 내린다. 광저우의 '명소'를 클릭해보자. 맨 위에 사몐이 나온다. 2019년 1월 18일 오후 6시에 3,726개의 논평과 500개의 여행후기가 올라와 있다. 빅데이터가 그대로 방문자에게도 시시각각으로 표시되고 활용된다. 미식도 마찬가지다. 최근 이들 논평과 여행후기에 대한 진위가 논란이 되기도 했다.

3. 관련 서비스 연동

다른 여행 플랫폼보다 더 많은 연관 서비스와 연동된다. 호텔과 모텔의 경우 씨트립, 부킹닷컴, 이롱(艺龙) 앱 등과 연동된다. 명소를 찾아가는 데는 전자지도인 가오더지도와 연동된다. 결제 시스템은 위챗페이나 알리페이와 연동된다.

12306, 씨트립, 위챗

마평워 외에도 12306이나 씨트립, 위챗 앱을 이용하여 항공권이나 기차표를 구입할 수 있다. 12306은 한국의 코레일 예매 사이트에 해당하는 앱이다. 호텔 예약도 씨트립이나 위챗을 이용하여 원하는 장소와 가격에 따라 선택하여 결제할 수 있다.

전자지도는 4차 산업혁명 그 자체

중국을 여행하면서 주로 의존한 전자지도는 가오더지도와 바이두지도(百度地图)다. 점점 발전하고 있는 중국의 전자지도는 다양한 기능과 편리성 덕분에 사용자가 급격히 늘어나고 있다. 남방 여행에서 특히 가오더지도를 많이 활용하면서 길거리에서 중국인들에 길을 물을 일이 거의 없었다.

가오더지도

가오더지도는 다양한 카테고리에 대한 정보를 제공하고 있어 사용하기 편리하다. 부근검색(搜索附近) 창에서 주하이시 샹저우구를 입력하면 미식(美食), 숙소(酒店), 명소(景点), 은행(银行), 영화(电影), 버스와 전철(公交地铁) 등 많은 장소를 찾을 수 있다.

노선(路线)으로 들어가서 현재의 위치와 종점을 입력하면 차량 공유 서비스(叫车), 자가운전(驾车), 대중교통(公交), 자전거(骑行), 보행(步行), 기차(火车), 화물차(货车) 등 다양한 교통수단을 결합해서 목적지까지 안내한다.

가오더지도는 다른 앱 서비스와도 연결되는데, 차량 공유 서비스 기능은 디디추싱과 연동된다. 반대로 다른 플랫폼에 가오더지도가 연결되어 긴요하게 사용된다. 예컨대 마펑워의 명소에 가는 노선을 알려면 해당 목적지를 클릭하여 가오더지도를 활용할 수 있다. 그 밖에 AR(증강현실) 기능 등 특색 있는 기능이 많다.

중국 여행 시 유용한 앱

여행 정보 앱

마펑워 蚂蜂窝 www.mafengwo.cn
2006년 서비스 시작. 씨트립, 취나얼과 함께 가장 많이 사용하는 여행 앱으로서 자유여행에 유용하다.

씨트립 携程 www.ctrip.com
1999년 창립. 호텔, 고속철, 항공권, 입장권, 렌터카, 단체여행 예약이 쉽다. 한글판과 영문판이 있다.

취나얼 去哪儿 www.qunar.com
2005년 창립. 씨트립과 기능이 비슷하다.

전자지도 앱

바이두지도 百度地图 map.baidu.com
중국 최대 포털 사이트인 바이두(百度)가 운영하는 온라인 지도 서비스. 출발점에서 목적지까지 가는 다양한 교통수단을 알려준다.

가오더지도 高德地图 www.amap.com
바이두지도와 함께 중국 전자지도에서 양대 산맥이다.

모바일 결제 앱

알리페이 支付宝 www.alipay.com
알리바바 계열사가 2004년 출시. 중국말로 '즈푸바오'라고 한다.

위챗페이 微信支付 pay.weixin.qq.com/index.php/public/wechatpay
텐센트가 2013년 출시. 위챗에 자신의 중국 은행 계좌를 연결하면 사용할 수 있다. 알리페이와 함께 가장 많이 사용된다. 위챗 앱에서 위챗페이를 사용할 수 있다.

차량/자전거 공유 서비스 앱

디디추싱 滴滴出行 www.didiglobal.com
중국에서 가장 이용자가 많은 차량 공유 서비스 앱이다. 영어 지원이 된다.

오포 ofo www.ofo.com
2004년 창립. 자전거 공유 서비스 앱이다.

모바이크 Mobike mobike.com
2015년 창립. 자전거 공유 서비스 앱이다.

열차 예매 앱

12306 www.12306.com
2010년부터 기차표 예매 서비스를 시작한 중국판 코레일 앱이다.

음식 배달 앱

메이퇀와이마이 美团外卖 waimai.meituan.com
2013년 서비스 시작. 영어판도 있다.

어러머 饿了么 www.ele.me
메이퇀와이마이와 함께 음식 배달 앱에서 양대 산맥을 이룬다.

메신저 앱

위챗 微信 weixin.qq.com
텐센트가 2011년에 출시한 중국판 카카오톡이다. 중국말로 '웨이신'이라고 하며 중국인 대부분이 사용하고 있다. 한글판과 영어판도 있다.

3 모바일

모바일 결제는 빠른 속도로 다양한 분야를 바꾸어가고 있다. 업종의 변화뿐 아니라 중국인들의 라이프스타일을 크게 바꾸고 있다. 그래서 오늘날 중국의 변화를 모바일 혁명이라 할만하다.

모바일의 일상화

2017년 9월초부터 2018년 5월까지 중국 체류와 여행은 모바일 적응 과정이었다고 할 수 있다. 2008년 9월부터 2009년 초까지 베이징에 방문학자로 체류한 적이 있었지만 이미 8년 6개월이란 세월이 흘렀다. 물론 그 사이 출장이 빈번했는데 그때는 체크카드나 중국 2G폰, 데이터로밍을 한 한국 폰을 주로 사용하였다. 그래서인지 중국의 4차 산업혁명을 크게 실감하지 못했다. 하지만 두 번째 중국 체류와 여행은 중국의 4차 산업혁명을 총체적으로 경험하는 데 좋은 기회가 되었다.

위챗페이 또는 알리페이는 필수

2017년 9월에 도착하자마자 먼저 한국 폰과 별도로 화웨이 4G폰을 구입하였다. 롄퉁에서 전화번호를 받고 데이터 사용 가입신청을 했다. 은행에 가서 필자의 계좌 정보 가운데 전화번호를 변경했다. 중국 폰에도 위챗 앱을 깔고 전화번호와 계좌번호를 입력했다. 알리페이만 사용가능한 점포가 있기 때문에 알리페이 앱도 깔고 여기에 전화번호와 계좌번호를 입력해야 했다.

큐알코드 인생

중국 어느 도시를 가도 길거리나 버스 안에서 큐알코드(QR code)를 쉽게 볼 수 있다. 시내버스를 타면 각종 광고 하단에 큐알코드가 있다. 위챗으로 코드를 찍으면 관련 기업 공중계정이 형성되어 수시로 광고를 보내준다. 버스터미널 안으로 들어가도 벽면에 큐알코드를 볼 수 있다. 코드를 찍어서 해당 터미널의 공중계정이 형성되면 이제 더 이상 오프라인에서 표를 구매할 필요가 없다.

물건을 사고 영수증을 받아도 큐알코드가 있다. 택시를 타면 앞 좌석 바로 앞면에 공안(公安) 큐알코드가 있다. 이것을 찍어서 택시 승차와 관련해서 발생한 민원을 넣을 수 있다. 전철을 타면 여행 광고지를 나눠준다. 여기에도 어김없이 여행사의 큐알코드가 있다. 이것으로 여행사 담당자와 여행 패키지에 대해 상담할 수 있다.

특히 광저우에 큐알코드가 많다. 위챗은 텐센트의 광저우연구개발센터의 한 팀이 개발하였다. 어느 도시보다 위챗 사용이 활발하여 전철, 버스터미널, 시내버스, 지하도까지 온통 큐알코드가 있는 안내판

手机通道
le Phone Exi
车票回收箱

이다. 중국인들은 큐알코드에서 시작해서 큐알코드로 끝내는 하루를 보내고 있다.

공유자전거와 모바일 음식 주문

대학 캠퍼스의 라이프스타일도 변하고 있다. 대학 캠퍼스에는 공유자전거가 대세이며 다른 장소보다 사용 비율이 높다. 모바일 음식 주문도 마찬가지다. 중국 대학은 캠퍼스가 크고 학생들이 기숙사 생활을 하는 것과 무관하지 않다.

대학생들은 150위안 정도로 중고 자전거를 구입할 수 있지만 공유자전거는 비교적 새것이고 더 잘 나가기 때문에 공유자전거를 사용한다. 중고 자전거를 갖고 있는 학생조차도 때로는 공유자전거를 이용한다. 학생들은 200위안 보증금을 내지 않고 공유자전거를 사용할 수 있기 때문이다. 캠퍼스 안의 오포나 모바이크의 공유자전거는 캠퍼스 밖에서 사용하지 못한다. 중국 대학 캠퍼스는 대부분 면적이 넓기 때문에 학생들이 공유자전거를 이용하는 모습을 쉽게 볼 수 있다.

모바일 음식 주문도 대학 캠퍼스에서 점심때나 저녁때에 흔히 보인다. 방학을 제외하고는 대부분 고향을 떠나 기숙사 생활을 하기에 모바일 음식 주문은 아주 편리하다.

모바일로 이용하는 택배 보관함

모바일은 일상생활에서도 필수적이다. 필자가 살던 주하이 아파트 단지 입구에는 택배 보관함이 있다. 택배원은 아파트 거주자에게 전화를 걸어 직접 전달하거나 거주자가 요청하면 택배 보관함에 두기도 한다.

택배 보관함을 이용하는 방법은 먼저 수령인이 큐알코드를 찍어서 위챗에 공중계정(公众号)을 만들고, 택배원도 큐알코드를 찍어서 앱을 형성한다. 택배원은 다양한 크기의 택배 보관함에서 물건의 크기에 맞

는 빈 보관함에 비밀번호를 입력해서 물건을 둔다. 수령인은 위챗 공중계정으로 온 비밀번호로 택배 보관함을 열고 물건을 수령한다.

무현금 시대의 도래

중국의 남방 대도시에는 무현금 시대가 도래했다고 해도 과언이 아니었다. 이들 대도시의 중국인은 현금을 소지하지 않는다. 서점으로 가보아도 4차 산업혁명의 분위기를 물씬 느낄 수 있다. 베스트셀러 진열대에 4차 산업혁명 관련 서적들로 꽉 차 있었다.

남방도시의 모바일 결제 현황

전철이나 자판기의 경우 결제 방식에 있어 지역별 차이가 존재했다. 쿤밍에서는 전철이나 자판기에서 현금을 사용한다. 청두, 충칭, 창사, 난창의 전철에서는 현금만 가능했다. 하지만 선전, 광저우, 닝보의 전철에서는 모바일 결제가 가능했다. 모바일로 결제해서 진입하는 모바일 통로가 따로 있다.

모바일 결제 현황을 파악하기 위해서 2017년 9월부터 2018년 5월

까지 조사를 해보았다. 먼저 체크카드를 제시하고, 안 된다고 하면 위챗페이나 알리페이로 결제하는 식으로 조사를 진행했다.

1. 모바일 결제만 가능한 곳: 식당, 편의점 등

식당, 편의점 등 소액을 지불하는 곳은 체크카드를 받지 않는다. 현금과 모바일 결제만 가능했다. 위챗페이, 알리페이, 징동(京东), 큐큐(QQ), 바이두첸바오(百度钱包) 다섯 개 모두 가능한 곳부터 두 개만 가능한 곳 등 다양했다. 무인 편의점에서는 모바일 결제만 가능했다.

주하이, 난창, 창사 등의 식당에서는 식탁에서 바로 결제나 주문이 가능하다. 식탁 귀퉁이에 붙어 있는 큐알코드를 찍어서 모바일에서 주문과 결제를 모두 할 수 있었다.

2. 모바일 결제의 보편화: 자판기, 무인가라오케

자판기나 무인가라오케가 보편화되었으며 모바일 결제가 가능했다. 호텔, 휴대폰 대리점, 기차표 등은 체크카드와 모바일 결제가 모두 가능했다. 외국인들도 이용하는 고급 식당과 스타벅스 등도 체크카드와 모바일 결제가 모두 가능했다.

3. 모바일 결제의 확대: 공유자전거, 음식 주문

공유자전거나 음식 주문도 모바일 결제가 거의 가능했다. 공유자전거를 사용할 때는 모바일 결제가 이루어졌다. 음식 주문도 광범위하게 모바일 결제가 가능했다. 어느 도시에서나 점심때가 되면 길거리에서 메이퇀이나 어러머의 복장을 한 음식 배달원을 쉽게 볼 수 있었다. 호텔에서도 음식 주문을 할 수 있다. 식당이나 음료점은 온라인 배달 앱인 메이퇀과 어러머의 가맹업체임을 알리기 위해 외부에 포스터를 부착하고 있다.

주하이의 한 호텔에서 위챗의 메이퇀 앱을 통해서 직접 밀크티 두 잔을 주문해보았다. 메이퇀 앱으로 들어가 현재의 위치를 입력하니 인근 밀크티 가맹점을 금방 확인할 수 있었다. 이삼십 분 있다가 배달업자가 도착했다. 약간의 배달 수수료가 붙은 가격이다. 생각보다 훨씬 간단하고 편리했다.

4. 차량 공유 서비스의 모바일 결제

차량 공유 서비스도 거의 모바일로 결제하였다. 위챗의 연관 서비스인 디디추싱을 이용해보자. 현재 위치와 목적지를 입력하면 예상요금이 나온다. 예상요금이 나오기 때문에 길을 잘 모르는 외지 여행객에게 매우 유용하다. 일반 택시기사는 외지인을 속일 수 있기 때문이다. 최근 디디추싱 카풀 서비스의 경우 범죄가 발생하기도 했다. 2018년에만 두 차례 단독으로 카풀 서비스를 이용하던 여성이 피살되는 사건이 발생했다. 하지만 콰이처는 카풀 서비스보다 위험성이 덜한 편이다.

디디추싱으로 차량을 부르면 외양상 일반 승용차와 별 차이가 없는 자동차가 온다. 일반 승용차와 구분이 안 된다. 한국의 경우 차량 공유 서비스는 영업용 택시가 하는 것과는 대조적이다. 디디추싱 회사와 차량 운전수가 수익을 일정 비율로 나누는 구조다. 고객은 차량 공유 서비스를 이용한 후 모바일로 결제를 하면 된다.

5. 대중교통 수단에서 모바일 결제

시내버스는 어느 지역이든 모바일 결제가 불가능했다. 전철의 상황은 좀 복잡하다. 아직 도시 간 차이가 존재한다. 선전과 광저우에서는 전철표를 모바일로 결제할 수 있다.

반면 충칭, 쿤밍, 청두, 창사, 난창의 전철은 현금만 가능했다. 발전된 주(珠)강 삼각주 도시인 광저우와 선전에서 전철표도 모바일 결제가 가능했던 것과는 대조적이다. 점차 중부와 서부 도시들의 전철에서도 모바일 결제가 도입되고 있다.

명함 없는 사회를 앞당기는 위챗

위챗은 인스턴트 메신저로 중국어로는 즉시통신이라고 한다. 실제 〈중국인터넷정보센터〉의 통계로 보아도 2018년 6월, 중국 인터넷 사용자의 약 94%는 인스턴트 메신저를 사용한다. 대표적인 사례는 위챗이다. 오늘날 중국 인터넷 사용자의 대부분이 위챗을 사용한다는 말이다.

이러하다 보니 위챗은 중국인의 생활에 필수적이며, 사교나 사회관계에 큰 영향을 주고 있다. 필자 또한 새로 알게 된 대학 교수나 직원의 위챗 아이디를 꼭 챙기거나 큐알코드를 찍어서 바로 위챗 펑유(朋友, 친구) 관계를 맺어둔다. 과거와 달리 명함을 갖고 있는 중국인이 없다. 명함을 챙겨둘 필요도 없다. 위챗이 명함을 대체하고 있다. 아파트 관리 직원과도 위챗 펑유 관계를 맺어야 한다. 도시가스 카드 충전 등

물어볼 일이 많기 때문이다. 이 밖에도 중국 생활에 적응하기 위해서는 모바일에서 해야 할 일이 많다.

일상생활을 지배하는 위챗

시내버스를 타면 80~90%의 승객은 모바일에 몰두한다. 기차를 타도 마찬가지다. 복합 쇼핑몰에서 사람들은 거의 모바일을 사용한다. 이들이 사용하는 모바일 서비스 가운데 단일 서비스로는 위챗의 영향력이 가장 크다고 생각한다. 모바일 혁명에 의한 라이프스타일 혁명에서 가장 큰 기여를 한 것이 위챗일 것이다. 실제 사용을 보면 위챗의 영향력을 금방 알 수 있다.

위챗의 사용 빈도

필자가 모바일을 이용해 이틀 동안 주하이에서 위챗을 사용한 횟수는 다음처럼 수십 번에 이른다. 먼저 중국에서 카톡이 잘 안되니 위챗의 가족 단톡방에서 가족에게 문자를 보낸다. 중산대 교수와 위챗 통화를 한다. 위챗의 디디추싱으로 택시를 불러 서점에 간다. 서점에서 위챗페이로 결제한다. 식당에서 위챗페이로 결제한다. 스타벅스에서 위챗페이로 결제한다. 중산대에 온 부경대 교환학생 단톡방에 유익한 생활 정보를 보낸다.

친구사귀기영역(朋友圈)에서 '좋아요'를 누른다. 사진을 올린다. 위챗의 메이퇀와이마이(美团外卖)로 음식을 주문한다. 며칠 후 떠날 여행을 위해 위챗에서 비행기표를 구입하고 적절한 호텔을 예약한다. 휴대폰 요금 선불을 위해서 위챗의 휴대폰 요금납입(手机充值)으로 지불한다. 아파트 단지 입구와 필자가 사는 5동의 문을 열기 위해 공식계정의 취카이(趣开)로 들어간다. 구독한 유명인사의 글을 읽는다. 계좌이체(转账) 기능을 활용해서 지인에게 돈을 보낸다. 디지털 금일봉인 훙바오(红包)

를 개인이나 그룹에 보낸다.

이처럼 오늘날 중국인은 일어나자마자 위챗을 시작하고 잠들기 전까지 위챗을 사용한다고 할 정도로 실생활에서 위챗에 의존하고 있다.

실명제 사회를 앞당기는 모바일

모바일이 실명제 사회를 앞당기는 점도 간과해서는 안 된다. 10년 전에 비해 중국 사회는 실명제 사회로 거의 완벽하게 전환했다. 그동안 국가 차원에서 실명제를 강력하게 추진한 결과이기도 하다.

온라인이든 오프라인이든 기차, 장거리 버스, 비행기 등의 표를 구입할 때 반드시 실명을 기입하거나 신분증을 제시해야 한다. 버스표 구입 후 승차할 때도 검표원이 신분증과 표를 엄격하게 다시 확인하는 것은 어디에서나 있는 풍경이다. 실제로 기차역이나 버스터미널 곳곳에서 "实名制(실명제)"라는 단어를 쉽게 발견할 수 있다.

현재 중국에서 휴대폰을 개통할 때 과거보다 더욱 엄격하게 본인의 신분증을 필요로 하고 사진 촬영까지 한다. 모바일 사용 시 어김없이 본인의 실명을 제시하는 셈이다. 호텔 예약도 모바일로 하기 때문에 반드시 실명이 요구된다.

4 대중교통

중국은 세계 최대의 고속철도망을 소유하고 있다. 고속철의 길이가 2만 2천 킬로미터를 뛰어넘은 지 오래되었다. 중국 정부는 이미 4종 4횡을 완성하고 8종 8횡 계획을 실시하고 있다. 이 계획이 완성되면 고속철의 길이가 4만 5천 킬로미터에 이르게 된다.

광범위한 대중교통 체계

중국은 철로, 항공, 도로 등이 거미그물처럼 형성되어 있다. 고속철(G)은 8종 8횡을 향해 가면서, 이미 전 중국을 대동맥으로 연결하고 있다. 기존의 둥처(D)는 지급시나 현급시, 현청까지 이르고 있다.

고속철이나 둥처가 아닌 기차는 그보다 아래의 진이나 촌에 모세혈관처럼 퍼져 있다. 고속철 노선이 없는 구간에는 도시 간 철도(C)가 부설되었다. 주하이에서 광저우 구간이 그렇다.

항공 노선도 일부 지급시까지 이르고 있다. 고속도로도 정비되었다. 과거 차마고도 시절에 쿤밍-리장은 수개월 거리였는데 지금은 고속도로를 타고 아홉 시간 거리로 가까워졌다. 도시 간 혹은 도농 간 연결은 버스로도 가능하다. 지급도시에도 중장거리 버스터미널이 몇 개씩 존재한다.

교통 혁명을 떠받치는 모바일 혁명

거미그물처럼 복잡하게 연결된 교통망의 원활한 흐름은 과거처럼 여행사나 역에 가서 직접 구입하고 예매하는 방식으로는 불가능하다. 모바일 혁명이 이러한 교통 혁명을 떠받치고 있다. 이용자는 각종 여행 앱이나 한국의 코레일 예매 사이트 같은 12306 앱을 통해서 구입할 수 있다. 위챗페이나 알리페이가 이를 뒷받침한다.

기차표가 매진된 경우 시시각각 구입 여부를 다시 확인할 수 있다. 매진되더라도 창퍄오(抢票)라는 시스템을 통해서 반환된 표가 생기면 수시로 표를 구입할 수 있다. 난닝 등에서는 안면인식으로 역에 진입할 수 있는 시스템도 구비되어 있다.

초대형 규모의 고속철 역사

고속철에서 내리면 우선 역사의 규모에 놀란다. 놀라울 정도로 초대형이기 때문이다. 매트 슬레이터가 〈차이나체크업〉(2017년 12월)에서 플랫폼 수 기준으로 조사한 바에 따르면, 규모가 큰 상위 20개 기차역 가운데 13개가 남방의 기차역이다. 플랫폼 수 기준으로 가장 규모가 큰 기차역은 34개의 플랫폼을 가진 시안북역이다. 남방의 기차역 가운데는 플랫폼 수가 30개인 상하이의 훙차오역과 쿤밍남역이 3위였다. 광저우남역과 난징남역, 항저우동역, 구이양북역이 5위였으며, 충칭북역과 청두동역이 9위, 창사남역 11위, 허페이남역과 난창서역이 16위다. 플랫폼 수가 20개인 선전북역과 우한역이 19위였다.

이처럼 기차역의 대형화는 인적, 물적 이동이 엄청나기 때문에 역세권에 큰 영향을 주고 있다. 기차역 주변에 새로운 상권이 형성되면서 경제형 호텔과 아파트형 호텔 등 숙박업소가 급증하고 있다.

고속철 교통 중심도시의 부상

고속철 3대 맹주로 베이징, 상하이, 광저우를 꼽는다. 4대 맹주로는 베이징, 허페이, 우한, 정저우를 말하기도 한다. 고속철신귀(高铁新贵)로는 허페이, 선전, 정저우, 창사, 푸저우를 꼽는다. 앞으로도 대도시화는 가속화될 것이며 권역별, 성별 중심도시도 부상할 것으로 보인다.

1일 생활권의 확대

1일 생활권 혹은 주말 부부가 가능한 권역의 중심도시가 부상하고 있다. 도시 간 유기적 연결도 심화된다. 징광선은 베이징에서 광저우에 이르는 중국의 대동맥이라 할 수 있다. 광저우남역에서 창사남역까지 징광선 고속철로 두 시간 40분이면 가능하다. 주강 삼각주의 대도시인 광저우와 후난의 창사는 이미 1일 생활권이 되었다.

주하이의 창룽 국제해양휴양지처럼 관광도시에 대규모 레저타운이 형성된다. 주말에 대도시의 쇼핑몰로 쇼핑하러 가기도 한다. 중국은 고속철에서 후발 주자이지만 수십 배 많은 고속철 건설과 운영 경험으로 이미 한국보다 앞서 있다.

5 숙박업소

교통 혁명의 영향으로 활동 범위와 생활권이 확대되었다. 대형 공항과 기차역, 버스터미널이 많이 생겨나면서, 최근 몇 년간 이들 주변 몇 킬로미터 이내에 고급 호텔과 경제형 호텔이 급증하였다.

발전하는 숙박업소 앱

엄청난 수의 숙박업소가 씨트립에 가입해 있다. 마펑워는 가입된 숙박업소의 데이터를 독자적으로 갖고 있거나 씨트립, 아고다(agoda), 이룽, 유위딩팡(有鱼订房)과 연결되어 있다. 동일한 숙박업소에 동일한 룸이라도 각 앱 별로도 가격 차이가 있으니 검색을 통해서 적절한 룸을 찾아야 한다.

숙박업소 유형

중국은 시장이 크기 때문에 숙박업소의 유형도 한국보다 훨씬 다양하다. 마펑워 앱에는 크게 여섯 가지 유형, 즉 청년숙소/객잔, 경제형/연쇄점, 민박 B&B, 아파트형, 고급형/호화형, 리조트로 나눈다.

1. 경제형/연쇄점 호텔

필자가 많이 이용한 유형은 압도적으로 경제형/연쇄점 호텔이다. 가격이 저렴하고 비교적 안전하다는 생각에서다. 현지인은 하룻밤 숙박비가 200위안 이하인 호텔을 경제형 호텔이라고 한다.

필자는 주로 한팅호텔, 치톈연쇄호텔, 쑤바호텔, 루자콰이제호텔, 하이유호텔 등을 이용했다. 하이유호텔을 운영하는 화주호텔그룹은 한팅호텔의 계열사다. 하이유호텔의 투숙비는 한팅호텔보다 저렴하다.

2. 아파트형 호텔

아파트형은 일반적으로 경제형/연쇄점 호텔보다 가격이 저렴하고 시설도 떨어진다. 하지만 아파트형도 다양한 형태가 있다. 한국의 콘도처럼 주방, 세탁기 등의 시설을 갖춘 호텔도 있다. 가족 단위로 여행와서 음식을 준비하는 모습도 흔히 볼 수 있다.

푸저우의 창러공항 인근에서 숙박한 아파트형 호텔은 공항에서 5~6킬로미터 떨어져 있었다. 푸저우시 창러구에 위치하지만 주변은 농촌이었다. 주인과 아들이 번갈아가며 손님을 공항에서 자가용으로 태우고 온다. 카운터에서 업무도 본다. 안으로 들어가니 1층에 부인과 며느리가 일을 하고, 손자로 보이는 아이를 돌보기도 한다. 이 가족은 이 건물 1층 옆 별채에 거주한다. 농촌은 땅값이 싸기에 숙박 용도로 5, 6층 규모의 건물을 지은 것으로 보인다. 소규모 가족기업이다. 1박 가격은 140위안 정도다. 아파트형도 경제형 호텔의 일종이라고 보면 된다.

담보금 지불 여부

경제형 호텔이나 아파트형에 투숙할 때 담보금 지불 여부나 투숙비 지불 방식은 다양하다. 모바일로 예약, 결제하지 않고 호텔에 와서 결제하는 경우 담보금을 받기도 한다. 모바일로 예약, 결제하면 담보금을 받지 않는 경우가 많다. 씨트립이나 마펑워로 예약, 결제하면 신분 정보가 호텔에 노출되기 때문에 굳이 담보금을 받지 않아도 되기 때문이다.

드물지만, 모바일로 예약 시 결제한 돈이 담보금이 되기도 하여, 호텔에 가서 그날 투숙비를 지불해야 하는 경우도 있다. 체크아웃 이후 업무일 기준으로 1~5일 안에 모바일 결제 시 사용했던 위챗페이나 알리페이로 환불된다. 하이유호텔이 모바일 예약, 결제 시에 담보금을 받고 투숙할 때 따로 투숙비를 받는다. 이런 방식은 드문데 며칠 후 환불되기 때문에 이의를 제기할 필요는 없다.

다양한 가격대의 상품들

여행 앱을 열심히 검색하면 저렴한 가격에, 적절한 위치의 숙박업소를 찾을 수 있다. 기차 안에서 여행 앱을 열심히 검색해서 적절한 호텔을 찾으려는 중국인을 어렵지 않게 볼 수 있다. 같은 경제형/연쇄점이라도 지역에 따라 혹은 동일한 도시 내에서도 가격 차이가 존재한다. 동일한 숙박업소의 동일한 유형의 방이라도 창문이 없는 방은 창문이 있는 방보다 약간 싸다.

요일에 따라서도 가격이 다르다. 금요일 밤이나 토요일 밤은 다른 날보다 비싸다. 당일 주변에 행사가 있으면 가격이 갑자기 오르기도 한다. 난창의 치톈연쇄호텔에 숙박했는데 다음 날 더 많은 투숙비를 요구했다. 물어보니 주변에서 마라톤 행사가 있다고 한다. 그 밖에 여러 가지 이유로 평일에 같은 룸이라도 가격 차이가 생긴다.

낮 시간에만 이용하는 상품을 제공하는 호텔도 있다. 예컨대 아침 10시부터 오후 6시까지만 이용하는 경우, 12시에서 다음 날 12시까지 이용하는 경우보다 가격이 저렴하다. 상하이, 닝보 등 남방 대도시에 이런 호텔이 많다.

난방 시설

일부 경제형 호텔의 경우 에어컨의 온풍이 가능한지에 따라 룸마다 가격 차이가 있다. 둥관의 둥신호텔은 에어컨의 온풍이 안 되는 룸은 139위안, 창문이 없고 에어컨의 온풍이 되는 룸은 169위안, 창문이 있고 에어컨의 온풍이 되는 룸은 189위안이다. 조건에 따라 가격이 다르기 때문에 잘 알아봐야 한다.

숙박업소는 아니지만 남방의 아파트의 경우 라디에이터나 온돌 등 난방 시설이 없는 경우가 보통이다. 최근 남방에서 아파트에 한국식 온돌이 인기가 있다. 하지만 필자가 알기로는 온돌식 아파트는 극소수다.

공공기관 아파트는 에너지 절약 차원에서 에어컨에 온풍 기능을 없애는 경우도 있다. 주하이에서 거주했던 아파트는 주하이 시정부가 건설한 아파트여서 에어컨에 온풍 옵션이 있지만 선택해도 온풍이 되지 않는다. 아파트 바닥이 인조 대리석이라서 냉기가 올라와 겨울에는 체감온도가 낮다. 남방 사람들은 겨울에 실내에서 옷을 두껍게 입고 지내거나 전기담요, 온풍기 등을 사용하기도 한다.

6 은행 서비스

장기여행 시 은행계좌 개설은 필수

남방에서는 대체로 모바일 결제가 가능한데, 은행계좌를 개설해야만 가능하다. 때로 현금을 지불해야 할 때가 있어서 에이티엠(ATM)으로 일정 금액의 현금을 인출해두어야 한다. 장기간 중국 여행을 하려면 은행계좌 개설은 필수다. 중국 은행의 카드 발급과 계좌 개설은 한국과 다른 점이 있기 때문에 주의해야 한다.

계좌를 개설한 지점에서만 가능한 업무

중국 은행은 새로운 카드 발급이나 특정 업무가 최초로 계좌를 개설한 은행지점에서만 가능한 경우가 많다. 2004년 중국 거주 시 베이징의 한 은행지점에서 계좌를 개설했다. 2017년 9월부터 중국에서 연구년을 보내게 되어 8월에 부산의 한 국내 은행을 통해 필자의 계좌가 있는 중국의 한 은행지점으로 필요한 경비를 미리 송금하였다.

9월 1일 주하이에 도착하여 에이티엠으로 현금을 인출하고자 했지만 인출할 수 없었다. 최근 중국에서 오랫동안 사용하지 않은 휴면계좌를 동결하는 조치를 취했기 때문이다. 이를 풀기 위해서 다음 날 주하이의 한 지점으로 갔다.

하지만 예상치 못한 답변을 들었다. 여권 갱신에 따라 내 여권번호가 변경되면서 2004년 당시의 여권번호와 다르기 때문에 주하이지점에서는 동결 조치를 풀 수 없다며 베이징지점으로 가야 한다는 것이다. 몇 주간의 요청 끝에 신원이 확인되어 주하이에서 동결 조치를 풀었다. 베이징에 가야 하는 극단적 상황을 피한 것은 다행이었다. 하지만 동결이 된 몇 주 동안 은행에서 돈을 인출할 수도 없고, 모바일 결제도 사용할 수 없어서 상당히 불편했다. 위챗페이나 알리페이 앱으로 결제하려면 은행계좌와 연동이 필수다.

체크카드 발급 방식

새로운 체크카드 발급은 최초로 계좌를 개설한 은행지점에서만 가능하다. 2017년 9월부터 중국에 체류할 때, 2004년 베이징에서 발급받은 체크카드가 오래되어 사용할 수 없었다. 새로운 카드를 발급받기 위해서 주하이의 한 은행지점에 문의했다. 직원 말은 새로운 카드를 발급받으려면 베이징지점으로 가야 한다는 것이다. 결국 주하이지점에서 새 계좌를 개설하여 이 문제를 해결했다. 이처럼 한국과 달리 중국에서는 계좌를 개설한 지점만이 신규카드 발급 등의 업무를 하는 경우가 많다.

2부 화남 지역

광둥　　광저우广州

광둥성广东省 **광저우시**广州市

소개 : 광둥성의 성도, 부성급시, 1선 도시, 화남 지역 전체의 행정중심지

마펑워 10대 명소 : 광저우탑广州塔, 사멘沙面, 광저우창룽관광휴양지广州长隆旅游度假区, 스스성신대성당石室圣心大教堂, 웨슈공원越秀公园, 천자츠陈家祠, 바이윈산白云山, 홍좐창창의단지红砖厂创意区, 광둥성박물관廣東省博物館, 황푸군교유적지黄埔军校旧址

기차역 : 광저우역(특급), 광저우남역(특급), 광저우동역(특급), 광저우북역(2등급)

버스터미널 : 광둥성 버스터미널, 광저우 톈허天河버스터미널

공항 : 광저우 바이윈白云국제공항(중국 3대 공항)

시내교통 : 전철이 대부분의 주요 명소를 간다. 관광순환버스를 이용해도 좋다.

광저우가 상하이, 충칭 등과 함께 남방의 핫플레이스라는 사실을 마펑워 같은 여행 플랫폼들에서 확인할 수 있다. 광저우시가 관광객을 유치하기 위해서 보유한 관광자원의 격을 높이고 홍보하려는 노력이 느껴진다. 2017년 9월에 광저우남역에 도착해서 국가 4A급 관광지구로 지정된 사완(沙湾)고진에 가보기로 했다. 남방에는 큰 강과 연관된 모래(沙), 만(湾), 모래섬(洲)이 들어간 지명이 무척 많다.

광둥어로 안내방송 하는 버스

시내버스 안에 광둥어 안내방송이 이채롭다. 많은 남방도시를 다니면

자연히 수많은 방언을 접하게 된다. 광둥어, 쓰촨 방언, 푸젠어, 장쑤 방언, 저장 방언 등 다양하다. 같은 장쑤성 안에서도 옌청 방언이 다르고 양저우 방언이 다르다. 남방인 간에 방언으로 하는 대화나 노인이 하는 말은 정말 이해하기 어렵다. 다른 지역 방언도 마찬가지다.

광둥성이 자신의 방언을 강조하는 이유

공공장소, 시내버스 등의 안내방송에서 표준어 방송에 이어 그 지역 방언을 방송하는 지역은 원저우와 광둥성이다. 광둥성의 극장에서는 광둥어로 하는 상영물도 있다. 광둥어를 배우는 학원도 있다. 방언 가운데서도 가장 알아듣기 힘든 방언이 광둥어와 원저우 방언이라고 한다.

광둥성이 자신의 방언을 강조하는 이유를 생각해보았다. 광둥성의 경제 규모 자체가 크고 많은 화교들이 광둥어를 쓴다. 홍콩도 광둥어를 쓴다. 홍콩 자본이나 홍콩 사람이 광둥에 많이 진출해 있기 때문에 광둥어가 나름대로 입지를 가질 수 있다. 그리고 전통적으로 광둥 지역 사람들의 독자성이 강해서 중앙에 대한 반발이 가장 큰 지역 가운데 하나가 광둥성이란 점도 영향이 있지 않을까 싶다.

사완고진

沙湾古镇, Shawan Ancient Town

광저우남역에서 판위구에 위치한 사완고진 남문까지는 시내버스로 50분이 소요된다. 남문 옆의 관광안내소에는 고진의 지도가 있고, 입장료는 없다.

사완고진은 허씨 종족의 씨족사회다. 사완고진의 역사는 8백여 년 전인 남송 시대로 거슬러 올라간다. 사완고진은 사당, 종족, 건축, 농경, 민간예술 등의 문화를 종합적으로 보여준다는 점에서 다른 고진보다 규모가 크고 역사가 오래된 고진이다.

고대와 초현대의 공존

남문 입구부터 각종 음식점과 전통과자점으로 꽉 차 있다. 남문 바로 옆에 디저트를 파는 '진옌쯔(金燕子)'라는 식당이 있다. 간판 한쪽에 음식 배달 플랫폼인 메이퇀와이마이라는 안내표지가 있다. 식당 앞에는 이 앱을 통해서 주문받은 음식을 배달할 때 사용하는 전동자전거 여러 대가 어지럽게 정차해 있다. 고진 안에 있는 음식점은 관광객에게 직접 음식을 팔기도 하지만 지역주민을 위해 배달하기도 한다.

입구 근처의 음식점 가운데 상당수는 메이퇀와이마이나 어러머 표시가 있다. 어러머는 메이퇀와이마이와 함께 대표적인 음식 주문 플랫폼이다. 역사가 오래된 고진 안에 4차 산업혁명이 실현되고 있다.

명대의 흔적이 남아 있는 담장

한 골목으로 들어가니 두꺼운 유리로 싸인 담장이 있다. 층층이 아래부터 명대와 청대, 민국 시대에 축조된 흔적이 남은 담장으로 중국 건축자재의 변천을 알 수 있다.

가장 아래에는 명대 초기 담장이다. 주요 재료는 진흙, 조개껍데기와 자기 조각의 혼합이다. 광저우 인근이 바다라서 조개껍데기는 구하기 쉬운 재료였고, 일상생활에서 사용한 자기도 충분했으리라 추측된

다. 명대 초기 담장의 주요 재료도 진흙, 조개껍데기, 자기 조각의 혼합이다. 청대 초기는 황토와 자기 조각이다. 청대 말기의 주요 재료는 벽돌이다. 민국 시대의 주요 재료는 붉은 벽돌이다.

소상인이 영업하는 고진

고진의 골목은 아주 비좁다. 골목의 집은 대부분 벽돌로 지은 작은 집이다. 집에는 빨래가 걸려 있고 자전거도 보인다. 아직 주민들이 살고 있다. 골목마다 작은 음식점과 과일 가게가 있다. 그림을 파는 작은 화실도 보인다.

고진이 주민들의 일자리를 제공하는 데 일정한 기여를 하고 있음을 알 수 있다. 물론 고진의 관광지화로 주민들은 불편할 것이다. 현재 사완고진의 거주인구는 1만여 명이며, 이 가운데 원주민은 60%에 이른다고 한다.

관광자원으로서 고진과 고촌

고진은 중국 남방도시 어디를 가도 볼 수 있다. 도시마다 기존의 고진을 상업화하는 것이 하나의 트렌드로 자리 잡았다. 쿤밍의 관두고진은 규모가 대단히 크다. 상하이의 주자자오고진은 강남 수향고진이다. 중소도시인 주하이에는 탕자완고진이 있다.

오래된 마을인 고촌을 개발하여 상업화하기도 한다. 광저우의 샤오저우촌은 수향마을이다. 고진이나 고촌은 이전에는 농촌 행정구역의 일부였지만 도시가 팽창하면서 도시로 편입된 경우가 많다.

지방정부마다 고진 개발에 열을 올리고 있다. 중국의 전통적 관광자원인 고진이나 고촌은 어디나 산재해 있다. 너무 많은 고진이 있다 보니 관광객이 보기에 어떤 고진은 빈약한 경우도 있지만, 관광객을 유치하여 지역주민의 일자리를 창출한다는 목적은 일정 정도 충족하는 것으로 보인다.

홍좐창

红砖厂创意区, Redtory

광저우에는 다른 도시보다 창의지구가 많이 보인다. 그중에서 마펑워에 소개된 홍좐창은 광저우의 대표적인 창의지구 중에 하나로 보인다. 홍좐창은 우리말로 번역하면 '붉은 벽돌 공장'이란 뜻이다.

마을버스도 모바일로 결제

위안춘 전철역에 내리니 역 앞에 펜민처(便民车)라는 작은 버스가 서 있다. 한국의 마을버스 같은 인상이다. 현금 2위안을 내고 승차하였는데

이런 마을버스도 위챗페이나 알리페이로 결제하는 것이 가능하다. 위챗으로 버스기사의 큐알코드를 스캔해서 2위안을 결제하면 된다. 홍좐창으로 가는 길에 인근 동네에서 내리는 승객이 많다. 말 그대로 마을버스다.

청년 예술가, 설계사, 미디어 전문가 육성

정류장에서 내려 20분 정도 걸으니 사진에서 본 홍좐창의 정문이 보인다. 정문으로 들어가면 왼쪽에 '예술과 디자인의 공장'이라 새겨진 세 개의 컨테이너가 보인다.

컨테이너를 지나 한 공장 건물 안으로 들어가 보니 젊은이들이 컴퓨터 앞에서 작업에 열중하고 있었다. 다른 건물에는 '홍좐창 당대예술관'이란 간판이 붙어 있다. 국제 화랑으로 보인다. 커피숍, 식당, 술집을 비롯하여 수입서점, 광장 전시 공간, 조소전시관, 예술문화 교류기구, 예술문화 상점, 스튜디오 등이 보인다. 젊은 관광객이 많은데 특히 젊은 여성이 많다.

국영 통조림 공장의 재생

공장 건물에는 A10, D8 등의 번호가 붙어 있다. 낡은 공장 앞에는 낡은 기계를 그대로 전시하고 있다. 낡은 통조림 공장의 외관과 각종 시설 그 자체가 여기서는 예술작품이다. 이 창의지구는 1956년에 건립된 중국 최대의 국영 통조림 공장을 재생한 것이다. 공장은 수십 개의 소련식 건축물로 구성되어 있다. 2010년 아시아경기대회의 주관도시가 된 광저우는 아시아를 넘어 세계로부터 주목받기 시작했다. 광저우

시는 문화와 예술 차원에 격을 높이기 위해서 그때부터 홍좐창을 창의지구로 지원하기 시작했다고 한다.

원조는 뉴욕의 소호

낡은 공장이나 창고지대를 예술가거리로 전환한 첫 사례는 뉴욕의 소호(SOHO)다. 명품 브랜드 매장이 모여 있는 뉴욕 패션의 중심인 소호도 원래는 대공황 이후 도산하고 폐업한 공장과 창고에 가난한 예술가들이 작업실을 만들면서 시작되었고 전 세계로 확산되었다. 시카고의 수후(SUHU), 베이징의 798, 상하이의 M50, 광저우의 홍좐창 등이 그렇다.

도시 팽창과 산업 구조조정에 따른 재생 사업

중국에서 낡은 국영공장을 예술지구로 재생하는 사업의 유형에는 두 가지가 있다. 하나는 도시의 팽창에 따른 국영공장의 이전이다. 베이징의 798이 이 유형에 가깝다. 도시가 팽창함에 따라 과거에 교외였던 지역이 도시구역으로 바뀌면서 원래 공장은 외부로 이전된다. 기존 지역은 친환경, 저에너지, 고기술 신형 산업이 적합하게 되면서 예술창의지구로 전환된다.

또 하나는 경제 전형과 산업의 구조조정에 따라 발생한다. 이에 따라 일부 국유기업은 생산을 중단하고, 노후 공장은 예술창의지구로 활용된다. 상하이의 M50이 이 유형에 가깝다. 상하이의 춘밍 조방 공장이 2000년부터 예술창의지구로 개발되다가 2011년에 '상하이 M50 문화창의산업발전 유한공사'로 개명한 것이다.

중국에서는 개혁개방 이후 도시가 급속히 팽창하고 산업 구조조정이 급속히 이루어졌다. 중국에서 낡은 국영공장은 어디에나 널려 있어 예술창의지구뿐 아니라 각종 창업지구로 재생되고 있다.

하이톈회랑

海天走廊, Hatian Corridor

광저우의 일대일로(一帶一路) 전략은 '해양과 공중 신(新) 실크로드' 전략이다. 광저우 바이윈공항에는 중국 최대 규모의 공항 실크로드 테마 공간인 하이톈회랑이 조성되어 있다. 공항 1층 동쪽으로 가면 대형 회랑이 보인다.

파란색 조명으로 바다와 하늘을 형상화했으며 형형색색의 보조 조명이 신비감을 더한다. 하이톈회랑의 바다는 광저우가 천년의 항구 문화를 가졌고, 고대 해양 실크로드의 출발점이란 면을 강조하기 위한 공간이다.

하늘은 중국의 남대문인 광저우 바이윈공항을 의미한다. 바이윈공항은 공중 실크로드의 출발점이며 광저우로드의 한 지점이다. 광저우가 해양 실크로드의 중심일 뿐만 아니라 공중 실크로드의 중심이 되겠다는 야심적인 전략이 담겨 있다. 광저우시의 실크로드 전략의 한 목표는 대외적으로 중화주의와 영남을 전파하는 것이다. 영남은 광둥과 광시를 주로 의미한다.

고대 해양 실크로드의 중심

회랑의 한 섹션에는 고대 해양 실크로드에서 광저우의 역사적 의의를 보여주는 전시물과 설명이 있다. 해양 실크로드는 진한 때 형성되었고, 당송 때 번영하였고, 명청 때 급변하였다. 2천 년간 중국과 아시아, 아프리카, 유럽 국가들 간의 해상 항로이자 경제 대동맥이었다는 설명이다.

광저우 통해이도의 출발항

당나라 때 광저우는 가장 번영한 국제무역 중심이며 광저우 통해이도(通海夷道)의 출발항이었다. 중국의 실크, 도자기, 금속제품 등이 광저우에서 세계로 수출되었고, 상아, 향료, 진주 등이 광저우를 통해 수입되었다. 당나라 때 중국 동남 연해에서 동남아, 인도양 북부 국가, 홍해 연안, 동북 아프리카, 페르시아만 국가까지 연결되었다. 광저우 통해이도는 해양 실크로드의 최초 명칭이기도 하다.

당대 세계 최장의 원양 항해선

바이두에서 광저우 통해이도를 검색했다. 〈신당서(新唐书)〉에 따르면 이 항로는 광저우를 기점으로 한다. 총 1만 4천 킬로미터로 당시 세계 최장의 원양 항해선이었으며, 백여 개 국가와 지역을 통과하였다. 하이톈회랑의 전시물은 이 항로를 통한 주요 수출품이 실크, 자기, 찻잎, 동철기 등이었으며, 주요 수입품이 향료와 화초 같은 궁정 감상용 보물 등이었음을 보여준다. 청조 건륭(乾隆) 22년(1757년)에 이르러 광저우는 대서방 무역에서 유일하게 합법적인 통관이 되었다. 중국 전역의 상품이 광저우에서 수출되었다.

하이톈회랑과 전시물은 광저우의 화려했던 고대 해양 실크로드의 역사를 강조한다. 더 나아가 현대에 공중 실크로드의 중요성을 강조하고자 했다. 광저우의 일대일로 전략이 돋보인다.

1일 최대 백만 명이 찾는 베이징로

광저우 바이윈공항에서 광저우의 번화가인 베이징로로 향했다. 베이징로는 광저우에서 가장 번화한 상업보행가다. 1일 평균 유량이 40만 명, 경축일이나 휴일에는 60만 명, 최고치일 때는 백만 명에 이른다.

광저우의 중심거리 명칭을 다른 도시의 명칭을 사용해서 베이징로로 부르는 것이 이채롭다. 실제로 광저우의 베이징로만이 아니라 상하이의 난징로, 난징의 베이징로와 상하이로, 허페이의 상하이로, 난창의 상하이로 등에서 보듯이 중국의 거리 명칭은 다른 지역 명을 사용하는 경우가 흔하다. 건국 이후 지역 간에 사이좋게 지내라는 취지에서 다른 지역의 명칭을 사용했다는 것이 현지인의 설명이다.

지방 음식점

홍콩 요리점

베이징로로 가는 길에 다른 지방의 음식점이 많이 보인다. 주강 삼각주의 대도시에 홍콩 요리점이 많은 것은 이해된다. 홍콩 요리가 유명하고 홍콩이 인접하여 홍콩계 자본이 많이 진출했기 때문이다. 70년 가까이 분리된 도시인 홍콩은 나름의 특성을 가진 요리를 발전시켰으며 상업적인 홍콩 자본은 홍콩 요리를 상품화하는 데 성공한 것으로 보인다. 따라서 광둥, 특히 주강 삼각주의 도시에서 홍콩 요리점은 흔히 볼 수 있다.

후난 요리점

후난, 광시 음식점도 많다. 그 밖에 윈난, 허난, 산둥, 둥베이, 간쑤 등 다른 지방의 음식점도 많다. 물론 어느 도시에 가도 다른 지방의 음식점이 보이기는 마찬가지다. 각 지방은 나름의 특색 있는 요리를 발전시켜 왔기 때문에 어느 도시나 다양한 지방 요리가 존재하는 것은 이상하지 않다.

다만 주강 삼각주의 대도시들에는 다른 도시에 비해 다양한 지방의 음식점이 존재한다. 특히 후난 요리집, 허난 요리집, 광시 요리집이 많이 보이는 것은 그 지역 출신이 많이 이주해서 이용한다는 것을 말한다.

한국인의 입맛에 맞는 광시 국수

광둥을 여행하다 보면 남방 국수를 많이 맛볼 수 있다. 그중에 입맛에 맞는 국수는 윈난과 광시, 충칭, 쓰촨의 국수였다. 충칭과 쓰촨의 국수는 아주 맵다. 쓰촨의 대표적인 국수는 단단멘(担担面)이다. 반면 광시와 윈난의 국수는 대체로 매콤하고 신맛도 있어 한국인 입맛에 맞다. 이런 맛 때문에 상하이 사람에게 "윈난과 광시 음식이어서 입맛에 맞는 게 아니고 한국 사람이라서 입맛에 맞는 게 아니냐"는 말을 들은 적이 있다.

남방 국수도 종류가 많지만 광시만하더라도 수십 가지의 국수가 있다. 웬만한 지급시는 나름의 국수를 갖고 있다. 특히 류저우 뤄스펀(螺蛳粉)과 구이린 미펀(米粉)이 광시의 대표적인 국수다. 심지어 광둥에서도 많은 종류의 광시 국수집을 확인할 수 있는데, 광시 사람이 인근 광둥에 많이 이주해 있음을 알 수 있다. 광둥에서도 쉽게 볼 수 있는 류저우 뤄스펀은 특히 입맛에 맞았다.

독자적으로 발전한 차오산 요리

광둥에서 자주 보이는 광둥 지방의 음식점으로는 홍콩 음식점과 차오산 음식점이 있다. 광둥의 오래된 도시들은 별도의 요리를 갖지 않고 대체로 광둥 요리로 지칭된다. 아무리 오랜 역사의 도시라도 광저우 음식점, 포산 음식점, 사오관 음식점은 없다는 말이다. 그런데도 차오산 음식점은 독자적인 요리로 발전했다.

독자적인 요리를 갖고 있음은 고유한 문화가 오래 지속되었음을 의미한다. 차오산은 세 도시인 차오저우, 산터우, 제양을 말한다. 차오산의 역사는 진시황 시대까지 이르며 차오산 상방 문화도 1천 년에 이른다. 이 가운데 차오저우는 원저우와 함께 '동방의 유태인'이라고 불릴 정도로 특색 있는 도시다. 이처럼 오랜 기간 문화적인 독자성을 갖고 있었기 때문에 고유한 음식으로 발전한 것이다.

커자 음식점

지역 요리가 아니면서 주강 삼각주의 대도시들에서 많이 보이는 음식점은 커자(客家) 음식점이다. 주하이 번화가의 종합 쇼핑몰인 양밍광장에는 '하카 대중음식점(Hakka's Folk Dishes)'이라는 커자 음식점이 있다. 커자의 영문 표기가 하카다. 커자인은 광둥, 푸젠, 장시, 타이완 등지에 거주하는 본지인의 일부다. 이들은 중국 고대에 중원에서 남쪽으로 이주한 한족의 일부 집단이다. 광둥의 경우 2009년에 커자인은 2,300만 명이다. 이는 광둥 인구의 27.5%에 이른다.

외지인구가 많은 주강 삼각주의 대도시

실제 외지인구가 광둥의 대도시에 많다는 통계가 있다. 각종 통계를 보면 남방 대도시가 북방 대도시에 비해 발전 속도가 빠르고 일자리가 많다. 이는 남방 대도시에 외래인구가 많다는 사실에서도 확인할 수 있다. 네 개의 1선 도시인 베이징, 상하이, 광저우, 선전 가운데 세 도시가 남방에 위치한다.

2016년 〈디이차이징(第一财经)〉 통계에 따르면 외래 상주인구 비율에서 선전, 상하이, 광저우가 베이징보다 높다. 그 가운데 선전에 거주하는 외지인 비율이 67.7%로 가장 높았다. 상하이와 광저우, 베이징에 거주하는 외지인 비율은 각각 40.5%, 38%, 37.3%였다.

빠르게 성장하는 주강 삼각주의 대도시에 인근 지방 사람들이 많이 몰리는 것은 당연하다. 후난 사람이 이웃한 광둥성의 대도시에서 일자리를 찾는 것은 자연스러운 현상이다.

천자츠

陈家祠, Chen Clan Ancestral Hall

베이징로에서는 광저우의 주요 관광지를 순회하는 시티투어버스를 탈 수 있다. 비용은 약 30위안이다. 세 개의 노선이 있다. 그 가운데 광둥성 천씨들의 사당이자 서원인 천자츠로 가는 버스에 탑승했다. 전철로 간다면 1호선인 천자츠역에서 내리면 된다.

대형 씨족의 사당과 서원

청말에 건립된 광둥성 천자츠는 서원을 겸하고 있다. 천자츠는 국가 4A급 관광지이며 입장료는 10위안이다. 이 사당은 광저우에 가는 관광객들이 가장 많이 참관하는 곳이다. 마펑위에서도 핫플레이스다.

천자츠의 건립 과정을 자세히 보면 중국 사회가 씨족전통이 강하다는 사실을 확인할 수 있다. 계기는 청말 1888년에 천창차오(陈昌朝), 천쭝쉰(陈宗询), 천란빈(陈兰彬), 천부타오(陈伯陶) 등 광둥의 천씨 48인의 향신 명사들이 천씨 서원을 만들자는 문서에 연명하면서 비롯되어 1894년에 완공되었다. 향신은 퇴직관리로서 그 지방에서 학문과 덕망이 높은 사람을 말한다. 이 가운데 천란빈은 청말에 초대 주미공사를 지냈던 저명한 외교관이다. 천씨 서원은 광둥 천씨들의 결속력을 강화하는 서원과 사당의 기능을 하고 있다.

영남 전통사당 건축 양식의 최고봉

천자츠 문 앞 광장은 매우 넓다. 입장료를 내고 문안으로 들어가서 건축물들을 자세히 살펴보았다. 한마디로 광둥 지역 민간건축의 장식예술을 집대성했다고 해도 과언이 아니다. 지붕에 점토로 사람이나 동물의 형상을 구워낸 타오수(陶塑)가 보인다. 아주 정교하다.

서원과 사당의 내외부에는 아름다운 목각, 벽돌 조각, 석각 등이 즐비하다. 그 정교함은 이루 표현하기 힘들다. 철과 구리 주조나 벽화도 또 다른 볼거리다. 십여 년 전에 방문했을 때에 비해 사당의 안팎이 잘 단장되었다.

천자츠는 영남 전통사당 건축 양식의 최고봉이라 할만하다. 광둥에서 규모가 가장 크고 장식이 정교하고 화려하다. 이를 통해서 광둥 천씨들은 씨족의 세도를 과시하고 결속력을 꾀하였을 것으로 짐작할 수 있다.

화교들의 혈연적 결속력을 보여주는 씨족마을

현재 남아 있는 씨족마을들은 대부분 성공한 씨족들이다. 천자츠의 천씨나 탕자고진의 탕씨는 그 지방에서 세력도 있고 성공한 씨족이다. 동남아를 비롯하여 다른 나라에서 광둥과 푸젠 출신들은 지역적, 혈연적 결속력이 강하다. 남방마을에 깊이 남아 있는 씨족전통은 그 이유를 잘 설명해준다.

광둥 둥관东莞

광둥성广东省 **둥관시**东莞市

소개 : 지급시

마펑워 5대 명소 : 샤바팡下坝坊, 쑹산호관광지구松山湖风景区, 커위안可园, 광둥관인산국가삼림공원广东观音山国家森林公园, 웨이위안포대威远砲臺

기차역 : 둥관역(2등급), 둥관동역(2등급), 후먼虎门역(2등급), 창핑常平역(2등급)

공항 : 광저우 바이윈白云국제공항, 선전 바오안宝安국제공항을 이용하면 편리하다.

시내교통 : 전철(2개 노선)이 주요 지역을 간다. 버스를 이용해도 좋다.

선전은 첨단산업으로 발전하여 최근에 4차 산업혁명으로 전성기를 누리는 대도시다. 그에 반해 둥관은 개혁개방 이후 2000년대 초까지 제조업으로 급속히 성장한 대도시다. 한때 외자기업이 많이 진출해 있었다. 이런 산업구조로 인해 중국에서 외지인구가 가장 많은 도시로도 잘 알려져 있다. 하지만 제조업 중심이라는 산업구조의 특성상 지금은 선전에 비해 다소 침체한 분위기가 없지 않다. 제조업 중심의 신생도시이고 외지인이 많다는 선입견을 가지고 있었기에 둥관에는 전통 명승고적지가 별로 없다고 생각했다.

하지만 마펑워 앱에서 둥관을 검색하니 의외로 가볼 만한 곳이 적지 않다. 먼저 마펑워의 둥관에서 개술 부분을 읽어보았다. 영웅의 도시

란다. 둥관에는 아편전쟁 때 린쩌쉬(林则徐)가 아편을 불태운 지역인 후먼이 있다. 후먼은 둥관의 한 진(镇)이다. 진은 우리의 읍에 해당한다.

샤바팡

下坝坊, Xiabafang

마펑워가 특별 추천하는 지역으로 '둥관의 구랑위'라는 샤바팡이 눈에 띈다. 둥관의 '명소 톱 7' 가운데 샤바팡은 어제(2017년 12월 13일) 인기 2위였다. 샤바팡은 완(万)강에 위치한다. 주강 삼각주 지역 영남 수향 마을 가운데 보존이 잘된 촌락이라는 설명이다.

샤바팡은 명청 시기 영남 수향마을의 촌락구조를 잘 보여주는 명촌이기도 하다. 영남은 우링 남쪽인 광둥과 광시를 지칭하는 지역이다.

샤바팡은 주강 삼각주 지역에서 영남 수향문화의 보존이 비교적 완벽한 촌락이다. 그래서 '둥관의 영남 수향문화 박물관'으로 불린다.

디디추싱으로 도착한 영남 수향마을

주하이 북부 탕자버스터미널에서 둥관의 남부버스터미널까지는 두 시간 반 정도 걸린다. 버스터미널에서 가오더지도로 샤바팡을 검색했다. 주소를 입력하고 내비게이션을 활용하여 자오처로 확인한 결과 샤바팡이 멀지 않은 곳에 있다. 둥관은 두 개의 전철 노선이 있지만 차량 공유 서비스를 이용하기로 했다. 디디추싱의 자오처를 클릭하여 공유차량을 부르니 10분 후에 도착했다.

샤바팡 마을 옆에 하천이 보인다. 완강이다. 완강을 따라 도로가 뻗어 있다. 입장료는 따로 없다. 마을 입구로 들어가니 도로변에 잔씨 사당이 보인다. 과거 이 마을에 잔씨가 많이 살았다는 사실을 알 수 있다.

도로변과 골목마다 전통집을 개조한 술집, 식당, 커피숍 등이 있다. 그 가운데 '샤바팡쓰샹'과 '1908바'라는 간판이 눈에 띈다. 골목에는 상업 건축물과 주민이 사는 거주지도 보인다. 실제 샤바팡의 상주인구는 1,750명이며, 호적인구도 720여 명에 이른다. 마을 전체를 둘러보면 샤바팡을 둥관의 톈쯔팡, 둥관의 구랑위, 둥관의 798이라고 하는 이유를 이해할 수 있다.

커위안

东莞可园, Keyuan

청대 광둥 4대 명원

영남 문화를 좀 더 확인하기 위해서 청대 명원인 커위안으로 향했다. 커위안은 샤바팡에서 디디추싱으로 예상요금이 10위안 정도로 가까이 있다. 커위안은 순더의 칭후이원(清晖园), 푸산의 량위안(梁园), 판위의 위인산팡(余荫山房)과 함께 '청대 광둥 4대 명원'의 하나다. 커위안은 청 도광제 때인 1850년에 건립을 시작해서 1864년에 완공된 영남식 정원이다. 커위안은 개인 정원으로, 주인은 청대 광시안찰사라는 고위직까지 지냈던 장징시우(张敬修)다. 그는 관직에서 파면당하고 고향에 내려와 이 정원을 가꾸며 지냈다고 한다.

둥관은 영남 문화의 발원지

입구 문에 "可羡人间福地 , 园夸天上仙宫"라는 글귀가 있다. 커위안에 대한 선인의 찬사다. "인간 세상의 행복한 곳이라 부러울 따름이고, 그 정원이 마치 하늘 선궁과 같아 칭찬을 아끼지 않는다"는 뜻이다. 정원의 규모가 생각보다 상당히 크다. 원래 커위안 관광지구의 면적은 3,630제곱미터였지만 1997년에 시정부에 의해 2만 제곱미터로 확장되었다. 큰 연못 옆에는 아름다운 정자와 건축물 등이 조화롭게 늘어서 있다. 장쑤 쑤저우의 유명한 정원들 못지않게 훌륭한 정원이다.

외국 투자기업이 많이 진출한 도시로만 알고 있던 둥관에서 이렇게 아름다운 정원을 볼 수 있다니 놀랍다. 큰 연못의 반대편으로 가니 전시관이 있다. 커위안의 소장품 가운데는 장징시우와 영남화파의 대표 인물인 쥐차오(居巢), 쥐롄(居廉)의 예술작품이 많다. 샤바팡뿐만 아니라 커위안에서 둥관이 영남 문화의 발원지라는 사실을 확인할 수 있었다.

광둥　중산中山

광둥성广东省 **중산시**中山市

소개 : 지급시

마펑워 5대 명소 : 쑨원생가기념관孙中山故居 중산영화박물관中山城-中山影视城, 중산잔위안中山詹园 치강공원岐江公园, 쑨원서로孙文西路

기차역 : 광저우—주하이 도시고속철이 중산역(3등급), 중산북역(3등급), 샤오란小榄역(2등급)을 경유한다.

공항 : 광저우 바이윈白云국제공항, 선전 바오안宝安국제공항, 홍콩 국제공항을 이용하면 편리하다.

시내교통 : 버스로 이동하기 쉽고, 전철은 없다.

쑨원 생가 기념관

孙中山故居纪念馆, Former Residence of Sun Yat-Sen

중산은 광저우 남쪽에, 주하이 북쪽에 위치한 도시다. 중산은 쑨원의 고향이다. 먼저 쑨원 생가 기념관에 가보기로 했다. 필자가 방문학자로 거주하고 있는 주하이 북부에서 쑨원 생가 기념관까지는 버스로 한 시간 정도 소요되었다.

신해혁명 기념공원 옆에 기념관이 있다. 입구 쪽에는 중국 공산당 간부 교육훈련관이 있다. 교육훈련관 내부에는 쑨원의 평소 검약, 검소한 생활을 보여주는 전시물이 많고, 이러한 쑨원의 정신을 받들어 부정부패를 청산하자는 취지의 교육장도 있다.

전시물 가운데 중산복을 입은 쑨원의 사진이 특히 눈에 띄었다. 쑨원은 중요한 회의에서만 양복을 입었고 보통 때는 중산복을 즐겨 입었다고 한다. 이는 양복을 사면 금은이 해외로 유출될 수 있다는 이유에서다. 그의 검약 정신이 잘 드러나는 대목이다.

중국 공산당에서 존경하는 인물

"쑨원은 중국을 개조하기 위해서 전심전력을 다했으며 일생의 모든 정력을 다 쏟아부었다"는 마오쩌둥의 글귀도 있었다. 쑨원이 아직도 중국 공산당에서 존경받고 있는 사실을 확인할 수 있었다. 더 들어가니 기념관, 생가, 강당, 고향마을 등이 복원되고 보존되어 있다.

중산기념관 근처에 있는 쑨원

의 고향마을은 추이헝촌이다. 중산시에서 쑨원이 살았던 당시의 마을을 보존하고 있다. 청조 마을의 건축 양식이나 문화를 견학할 수 있는 훌륭한 장소다. 문화유산을 유지하려는 중국의 노력을 알 수 있었다.

쑨원이라는 최고의 브랜드를 활용하는 도시

쑨원 생가 기념관에서 전통상업가인 쑨원서(孙文西)로로 가기 위해서 버스를 탔다. 차창 밖으로 제조업 단지가 많이 보인다. 중산은 둥관과 함께 제조업이 발달된 도시라는 사실을 알 수 있다. 버스 차창 밖에서 보이는 각종 지명은 쑨원과 신해혁명과 관련된 것이 많다. 중산은 쑨중산의 고향답게 중산과 관련된 명칭을 곳곳에서 사용하고 있다. 버스로 한 시간 20분 정도 가서 도착한 쑨원서로 또한 중산의 핫플레이스다. 입구로 들어가니 백 년이나 된 서양식 건물들이 즐비한 번화가다.

중산은 아직도 곳곳에서 쑨원이 살아 숨 쉬는 곳이다. 중산시가 쑨원이라는 최고의 브랜드 가치의 덕을 보고 있으며 활용하고 있다는 점을 확인할 수 있었다.

思豪大酒店
经销
文房四宝
笔墨纸砚
百岁山

광동 주하이珠海

광둥성广东省 **주하이시**珠海市

소개 : 지급시, 마카오특별행정구에 인접한 경제특구, 광주도시간철도의 종점

마펑워 4대 명소 : 칭뤼로情侣路, 주하이창룽국제해양휴양지珠海横琴长隆国际海洋度假区, 와이링딩섬外伶仃岛, 스징산공원石景山公园

기차역 : 광저우－주하이 도시고속철이 주하이역(3등급), 주하이북역, 탕자완唐家湾역 등을 경유한다.

공항 : 주하이 국제공항은 작다. 광저우 바이윈白云국제공항, 마카오 국제공항, 홍콩 국제공항을 이용해도 편리하다.

시내교통 : 버스로 이동하기 쉽고 전철은 없다. 중심가에 궤도전차가 있다.

광저우 바이윈공항에서 주하이로 향했다. 주하이로 가기 위해서는 공항버스를 이용하는 것이 가장 편리하다. 광저우 바이윈공항에서 주하이 탕자버스터미널까지는 두 시간이 걸린다. 공항버스 매표소에서 위챗페이로 결제하고 표를 구입하였다. 여권을 보여주는 것은 당연히 할 일이다. 중국에서 실명제가 장거리 버스에도 예외 없이 적용된다. 가격은 80위안이었다.

매표소 옆에 있는 큐알코드를 모바일 폰의 위챗으로 스캔하면 위챗의 공식계정에 바이윈공항 버스 노선 계정이 형성된다. 이후에는 이 계정으로 버스 시간을 검색하고 미리 표를 예매할 수 있다. 모바일로

예매할 때는 이름, 여권번호, 중국 폰 번호 등을 입력해야 예매할 수 있다. 모바일 구매에서도 실명제가 당연히 적용된다. 모바일 결제는 위챗페이로 쉽게 할 수 있다.

주하이 경제특구

광저우에서 중산을 거쳐 주하이에 이르기까지는 고속도로가 잘 정비되어 있다. 주하이 톨게이트에 이르자 "환영, 주하이 경제특구"라는 큰 안내판이 붙어 있다. 주하이는 1980년에 가장 일찍이 경제특구로 지정된 네 도시 가운데 하나다.

메이리만

주하이 탕자버스터미널에 도착하여 시내버스로 먼저 메이리만(美丽湾)으로 향했다. 메이리만은 아름다운 해변이다. 미국 로스앤젤레스의 해변을 연상시킨다. 주하이를 상징하는 건축물인 대극원(大剧院)이 보인다. 더 멀리 2018년 10월에 개통된 강주아오(港珠澳)대교가 보인다. 주하이와 마카오를 홍콩과 연결하는 세계 최장의 다리다.

해안선이 긴 도시

다음으로 주하이 어녀(漁女)상으로 향했다. 이 또한 주하이를 대변하는 상징물이다. 시내버스는 해변도로를 따라 달린다. 주하이는 해변을 따라 길게 뻗어 있는 도시다. 주하이 남쪽에서 북쪽까지 해변도로가 있다. 섬이 많이 보인다. 실제 주하이는 주강 삼각주 도시 가운데 해양면적이 가장 넓고 섬이 가장 많고 해안선이 가장 긴 도시다. 공기도 좋다. 필자가 가본 도시 가운데 가장 공기가 좋은 도시 중 하나였다. 남방은 내륙 도시에 비해 해양도시는 스모그 문제가 덜한데, 그중에서도 주하이는 공기 상태가 매우 좋은 편이다.

친환경 버스가 달린다

시내버스는 세 가지 종류가 보인다. 시내버스 옆이나 앞에 천연가스, 전기, 혼합을 표기하고 있다. 적어도 시커먼 연기를 내뿜는 버스는 보이지 않는다. 현지 교수의 설명에 따르면, 주하이 시정부는 2016년까지 시내버스를 모두 천연가스나 전기를 사용하는 버스로 교체하는 계획을 세운 바 있고 계획은 거의 실행되었다고 한다. 경유 버스를 제외한 시내버스에 사용하는 에너지를 표기하고, 경유 버스는 중과세를 부과하고 있다고 한다.

자전거 타기 좋은 도시

자전거도 많이 보인다. 자전거 도로도 잘 정비되어 있다. 해변을 따라 자전거 도로가 어디에나 있다. 차도 옆에도 자전거 도로가 어디에나 있다. 모바이크, 오포 등의 공유자전거도 어디에나 널려 있다. 그 밖에 주하이 시정부가 운영하는 시티바이크도 있다. 시정부는 버스정류장 옆이나 여러 공공장소에서 별도로 시티바이크 주차장을 갖고 있다. 필자가 며칠간 체류하면서 본 시티바이크 주차장만도 수십 개에 이르렀다. 도시를 계속 돌아다니다 보면 자전거 타기가 좋다는 사실을 알 수 있다.

궤도전차

최근 완공된 궤도전차 1호선을 타보았다. 2017년 9월 당시에는 무료였으며 완공된 노선은 30분 거리였다. 궤도전차 안에서 관람한 소개 영상에서 향후 몇 개 노선을 증설할 것이라고 홍보하고 있다. 이 또한 무공해 대중교통 수단이다.

시정부가 친환경 도시를 만들기 위한 노력이 곳곳에서 확인된다. 경제특구이기 때문에 공업지역도 많이 보인다. 하지만 시정부가 환경오염을 유발하는 제조업을 불허한다는 것이 현지인의 설명이다.

퇴직자들이 살고 싶어 하는 도시 1위

언론보도에서 주하이는 중국인들이 가장 살고 싶어 하는 10대 도시 가운데 하나이며, 퇴직자들이 가장 살고 싶어 하는 도시 1위로 랭크되기도 했다. 광둥성의 지급시인 주하이는 환경보호와 주민 행복의 측면에서 중앙정부로부터 좋은 평가를 받고 있다. 그 사실이 각종 지표에서도 확인된다. 바이두백과에 따르면, 국가위생도시, 국가환경보호 모범도시, 행복도 최고 높은 도시 등의 칭호를 받기도 했다.

하지만 청장년층이 꿈을 펼치기에 큰 도시는 아니다. 주하이는 2016년 기준으로 인구가 168만 명에 불과하다. 도시 인구가 많은 중국 기준에서는 중소도시에 불과하다. 주하이 중산대의 한 교수에게서 학생들은 주하이에서 직장을 찾기보다 광저우나 선전으로 취업하려고 한다고 들었다. 퇴직자들이 좋아하는 안정된 도시지만 청년들에게 기회를 제공하는 데 한계가 있는 중소도시라는 의미일 것이다.

구춘탕

古春堂, Koo Chun Tong

서민들도 즐기는 량차와 디저트

주하이에서만 자주 보이는 구춘탕이라는 찻집이 있다. 선명한 초록색의 구춘탕 간판에 량차(凉茶)와 디저트(甜品)가 적혀 있다.

찻집 한편에는 영남십보(岭南十宝)라는 안내표지판이 있다. 중국에서 영남은 광둥, 광시, 하이난 그리고 후난과 장시의 남쪽 일부를 말하는 용어다. 구춘탕이 대표적으로 내세우는 메뉴는 영남 지방의 음료와 디저트인 것으로 보인다. 영남십보에 있는 열 가지 량차와 디저트 가격은 8~25위안 정도다. 스타벅스나 홍콩계인 태평양커피에 비하면 저렴하다.

1년에 1백만 잔이 팔리는 허브 젤리형 디저트

서민들이 많이 사는 탕자시장에 있는 구춘탕에 들어가 보았다. 서민들도 즐기는 음료와 디저트라는 사실을 알 수 있다. 감기에 좋다는 량차와 가래에 좋다는 량차도 있다. 그 가운데 "27년간 소비자에게 사랑을 받았고 1년에 1백만 잔이 팔린다"는 허브 젤리형 디저트 하나를 주문했다. 가격은 18위안이다. 이 디저트는 젤리 형태이며 허브 맛과 함께 어릴 때 마시던 한약 맛이 난다. 몸을 보하는 효과가 있는 것으로 보인다.

서민들에게 사랑받는 량차

이 구춘탕이 소재한 탕자시장은 스타벅스나 태평양커피와 같은 고급 커피숍은 전혀 보이지 않는 지역이다. 중산층이 거주하는 주하이의 아파트 단지에도 구춘탕을 볼 수 있다. 이 아파트 단지에는 지식층인 중산대 교수들이 많이 거주한다. 이곳의 구춘탕에도 비교적 사람들이 많다. 점심때가 되면 이 구춘탕에 인근 초중고 학생들이 많이 보인다. 중국의 초중고는 점심시간이 길다. 이 학교 학생들은 점심때 귀가하여 점심을 먹거나 학교 밖의 식당에서 점심을 먹기도 한다. 그래서 점심때 구춘탕에 학생들이 많다. 바로 옆에 비싼 고급 커피숍에는 손님이 거의 없다는 점이 흥미롭다.

주하이 토종기업

구춘탕은 둥관, 광저우 등 주강 삼각주의 주요 도시에서도 보인다. 구춘탕 가맹점을 관리하는 기업은 1989년에 창업한 주하이구춘탕량차유한회사다. 주하이에 본사를 두고 있는 주하이 토종기업이다. 현재 백 개의 가맹점을 가진 것으로 알려져 있다. 이 기업의 홈페이지에는 구춘탕이 주하이시 대학생 10대 선호 브랜드에 들어간다는 것을 선전하고 있다. 주하이에서는 가장 규모가 큰 량차 기업이라고 한다. 이 기업은 량차와 디저트의 현대적 가공 공장을 구비한 건강식품 회사임을 홍보하고 있다.

중국에도 보양 시대가 도래했다. 구춘탕은 이런 시대의 변화에 맞추어 성공한 량차 기업이다. 또한 주하이 토종기업으로 성공한 점도 흥미롭다. 남방에는 구춘탕처럼 성공한 토종식품 가공 기업이 많다.

3,635년 역사를 가진 량차

중국어 사전을 찾아보면 '량차'는 '냉차'라는 뜻이 있다. 량차는 냉차로 번역되면 중국 고유의 의미를 상실할 수 있다. 그래서 필자는 냉차 대신에 중국어 발음 그대로 량차란 말을 사용한다.

광둥 량차는 중국 전통 량차 문화의 대표다. 광둥과 홍콩, 마카오의 민간인이 전통적으로 그 지역에서 나는 약초를 달여서 만든 음료가 량차다. 량차는 여름에는 사람 몸속의 열기를 식히고 겨울에는 인후 통증 등을 치료하는 효과를 가진다고 한다. 그 밖에 해독과 미용, 이뇨 등에도 효과가 있다. 2006년에 량차는 첫 번째 국가급 비물질문화유산으로 국무원의 비준을 받기도 했다. 기원전 1,617년부터 시작된 중국 량차는 3,635년의 긴 역사를 가진 셈이다. 워낙 오랜 역사를 가진 음료라서 신비스러운 느낌도 든다.

커피 대체재

남방에는 아직 커피가 보편화되지 않은 것 같다. 그 이유는 커피의 가격이 비쌀 뿐만 아니라 중국인에게 전통적으로 정착된 음료가 아니기 때문이다. 아울러 남방에는 커피 대신에 마실 음료가 많다. 우선 량차는 광둥인의 남녀노소가 좋아하는 음료다. 커피를 대체하는 각종 음료는 대부분 각종 연쇄점에서 마실 수 있다.

밀크티

북방에 비해 녹차는 적게 마시지만 각종 찻집이 많이 보인다. 황차(皇茶), 궁차(贡茶), 러차(乐茶, Le Tea) 등이 있다. 황차는 광저우에서 창업한 회사의 브랜드로 영어명은 Royaltea(로열티)라고 한다. 궁차는 한국에도 입점하여 인기를 얻고 있는 대만의 밀크티 전문 회사의 브랜드다. 러차는 홍콩에서 2009년에 창업한 회사의 브랜드다. 가격이 커피보다 저렴하여 부담이 없다. 궁차의 경우 12~18위안 정도면 밀크티를 즐길 수 있다.

과일 음료

더운 지방이라서 각종 과일 음료의 종류도 다양하다. 타이망러(泰芒了), 간베이(甘杯) 등이 많이 보인다. 타이망러는 말레이시아 라이피야 음식그룹의 생 망고주스 브랜드다. 남방에 아주 많다. 간베이는 2001년 타이완 타이베이에서 창업한 회사다. 밀크티인 우유차(奶茶)가 유명하다.

현대화된 푸얼차

윈난에는 우리에게 보이차로 알려진 푸얼차(普洱茶) 전문점이 많다. 다이차팅(大益茶庭)이 그렇다. 윈난 멍하이에서 1940년에 개업하여 푸얼차의 현대화에 앞장선 대표적인 회사다. 시솽반나 징훙의 다이차팅 매장에 직접 가보았는데 내부도 깔끔했다. 30위안을 주고 주문한 푸얼차는 두 사람이 마시기에 부족하지 않았다. 한국에도 진출했다.

양밍광장

扬名广场, Yangming Plaza

2017년 10월 중순 일요일에 주하이 중심가의 양밍광장이라는 종합 쇼핑몰로 향했다. 가오더지도로 확인하니 양밍광장으로 가는 시내버스는 많다. 양밍광장에 도착하니 주변은 번화가임을 알 수 있다. 양밍광장의 주위는 모두 도로다. 뒤편에는 주하이의 상징이라 할 수 있는 건축물인 대극원이 있다. 양밍광장이 위치한 샹저우구는 주하이의 정치, 경제, 문화, 금융, 교통의 중심지이기도 하다.

일요일이라서 양밍광장에는 사람들이 엄청나게 많았다. 양밍광장의 인기 있는 음식점은 예약을 하지 않으면 이용할 수 없었다. 대부분의 음식점도 줄을 서야 할 정도였다. 주말에는 가족이나 연인, 친구와 함께 쇼핑몰에서 시간을 보내는 소비 트렌드는 한국과 유사하다.

아직 사드로 인해 한중 관계에 여파가 있던 시기였다. 당시 TV에서는 한류를 찾을 수 없었다. 사드 이후 한국 드라마와 영화 등이 방영 금지되었다는 사실은 한국의 신문에 보도된 바 있다. 주하이의 대표적인 쇼핑몰인 양밍광장에서 한류 상황을 알아보기로 했다.

화장품점

1층으로 들어가니 스타벅스 옆에 화장품 점포가 보인다. 이니스프리의 광고 모델인 이민호와 윤아의 사진이 크게 보인다. 아모레퍼시픽은 이니스프리를 비롯하여 설화수와 라네즈, 에뛰드 등 몇 가지 브랜드를 갖고 있는데, 남방도시에는 중저가로 알려진 이니스프리가 주로 보인다.

치맥점

지하로 가니 한국의 치맥점인 더후라이팬(The Frypan)이 보인다. 더후라이팬의 광고 모델인 김수현과 전지현이 주인공으로 나온 드라마 〈별에서 온 그대〉는 사드 이전에 중국의 젊은 층이 많이 시청했던 드라마다. 이 드라마에서 나온 닭튀김도 중국인들이 한국에 오면 즐겼던 인기품목이다. 중국에도 140호점이나 개업했다고 한다.

한류 식당

지하에는 중국인이 운영하는 속옷 점포에 한국 의류 브랜드 광고가 있다. 중국인이 운영하는 콘택트렌즈 판매점에서도 한국 브랜드를 볼 수 있다. 위층으로 올라가니 서래갈매기와 등심 프랜차이즈가 보인다.

양밍광장에서 일식집은 스시집을 포함해서 다섯 개 정도는 된다. 일식점이 한식점보다 두 개가 많다. 그 밖에 일본류는 미소, 유니클로, 무지(무인양품)가 있다. 전체적으로 보면 일본류에 해당하는 점포가 한류 점포보다 조금 많다. 광둥, 푸젠 등에서는 일본에 대한 거부감이 북방보다 덜하다는 설명도 있다. 이 점도 일본류의 점포가 한류 점포보다 많은 점을 설명하는 한 요인일 것이다.

무인노래방

5층 빈 공간에 무인노래방을 여러 개 볼 수 있다. 안이 들여다보인다. 직접 무인노래방 박스 안에 들어가 보았다. 위챗페이로 큐알코드를 스캔하고 20위안을 결제하여 20분 동안 사용할 수 있었다. 한국 노래를 선곡할 수 있었다.

중국 남방도시의 공항, 쇼핑몰 등에서도 무인노래방을 자주 볼 수 있다. 연인이나 가족 단위로 안이 보이는 박스 안에서 마이크를 들고 노래를 부르는 모습을 쉽게 볼 수 있다. 유인노래방이 많은 우리나라와 대조적이다.

중국에서 최근 무인편의점도 늘어나고 있다. 전반적으로 각종 무인 점포가 중국에서 늘어나고 있는 추세가 뚜렷하다. 무인점포 열풍이다.

양밍광장 주변의 한류

양밍광장 밖으로 나가보았다. 양밍광장 인근 백화점에는 중국계 화장품인 프로야(PROYA) 매장의 광고 사진에서 낯익은 얼굴이 보인다. 한국의 영화배우 송중기가 중국의 영화배우인 장쯔이(章子怡)와 함께 광고 모델을 하고 있다.

양밍광장 바로 옆에 저우위짠(周玉赞)의 진열 유리창에는 광고 모델인 장동건의 사진이 있다. 1946년 초 창립한 저우위짠은 시계 수리와 관리, 판매를 종합적으로 하는 시계 전문점이다. 중국 전역에 백여 개 연쇄점이 있다고 한다. 양밍광장 뒤편에는 설빙(雪冰)이 있다. 빙수는 더운 남방도시에 진출하기에 적합한 식품이다.

중국 현지화에 성공한 만커피

만커피(漫咖啡)도 주하이에 있다. 중국의 대도시에 많이 보이는 만커피는 중국에 진출해서 실패한 카페베네와 달리 2012년에 처음 중국에서 개점해서 현지화에 성공한 커피 전문점으로 알려져 있다. 한국인이 운영하는 커피 전문점이지만 사드 여파 이후에도 건재하고 있다.

만커피는 한류의 다른 유형을 보일 것이라는 기대감에 찾아가 보기로 했다. 전자지도인 가오더지도를 검색하여 지도가 안내하는 노선에 따라 시내버스를 타고 이동했다. 만커피는 주하이의 중고소득층 혹은 고소득층으로 보이는 아파트 단지 인근에 위치해 있었다.

만커피에 도착하여 먼저 매장의 규모에 놀랐다. 커피숍으로서는 상당히 규모가 큰 매장이었다. 커피뿐만 아니라 와플, 토스트, 샐러드 등도 팔고 있다. 주방이 개방되어 있고 청결한 느낌을 준다. 한국의 카페와 유사한 느낌이다. 커피와 와플을 주문하고 위챗페이로 결제했다. 곰돌이 인형을 주는 것이 이색적이다. 좌석은 다양한 유형이 있다. 밀폐된 은밀한 공간과 개방된 공간도 있다. 조명 등 인테리어는 상당히 클래식한 분위기다.

자리에 앉으니 조금 있다가 종업원이 테이블에 둔 곰돌이 인형을 보고 커피를 가져다준다. 이전에 난징에서 만커피 매장에 가본 적이 있다. 당시에는 중국인이 운영하는 커피숍인 줄 알았을 정도로 한국적 특색을 크게 느끼지 못했다. 오늘 면밀히 들여다보니 개방된 주방, 인테리어 등에서 한국 커피숍이라는 느낌이 들기도 한다.

다양한 유형의 한류

2017년 하반기에는 TV에서 한류가 사라졌지만 쇼핑몰이나 거리에는 한류가 여전히 존재한다는 사실이 확인되었다. 한국계 점포의 유형은 다양하다. 이니스프리와 같은 한국의 대기업이 하는 브랜드, 만커피처럼 한국인이 운영하지만 중국 현지화에 성공한 유형, 프로야처럼 중국인이 운영하는 점포에서 한류를 활용하는 유형이다.

궁베이통관과 헝친통관

拱北口岸, Gongbei Port – 横琴口岸, Hengqin Port

마카오와의 통합으로 발전하는 주하이

주하이 북부에 위치한 중산대에서 궁베이통관까지는 시내버스로 한 시간이 소요된다. 궁베이통관 앞 큰 광장 한편에 "주하이 경제특구 안녕(珠海经济特区好)"이라는 큰 글귀가 있다. 글귀 옆에는 1984년 1월 29일이라는 날짜와 덩샤오핑 이름이 있다. 당시 주하이를 방문한 덩샤오핑의 친필이다. 오늘날 주하이의 발전 또한 덩샤오핑의 업적 가운데 하나다.

궁베이통관에는 마카오로 가려는 사람들과 마카오에서 주하이로 오는 사람들로 인산인해를 이루고 있다. 주하이의 가장 중요한 산업이 마카오와의 교류에 있다는 사실을 금방 알 수 있다.

현재 주하이에서 마카오로 넘어가는 통관은 육지에는 궁베이통관, 해상에는 완쯔(湾仔)통관, 헝친통관 등이 있다. 통관마다 특성이 다양하여 중국 사람이나 마카오 사람은 목적에 따라 다른 통관을 사용한다. 중국인들은 주하이 출입국 관리사무소에서 출입증을 받아야 한다. 현재 중국 정부는 지나친 도박을 방지하기 위해서 내국인은 1개월에 1회만 마카오에 가는 걸 허용하고 있다.

拱北口岸
GONGBEI PORT

横
琴
岸

헝친섬

주하이역에서 세계 최대 규모의 해양동물 테마공원이 있다는 주하이 창룽국제해양휴양지까지는 버스로 한 시간 30분이 소요된다. 이 국제해양휴양지는 주하이시 남부의 헝친(横琴)섬에 있다. 헝친섬 남쪽은 남중국해이며 바로 옆은 마카오다. 중국의 다른 해양도시에 비해 섬이 많은 주하이시는 146개 섬을 보유하고 있다. 이 가운데 헝친섬은 가장 큰 섬이라고 한다.

헝친섬으로 진입하여 헝친여객선착장에 이르렀다. 이곳은 마카오로 가는 관문인 헝친통관이다. 강 하나를 사이에 두고 선착장 맞은편에 마카오의 화려한 호텔이 보인다. 마카오와 헝친의 경계인 강을 따라 철조망이 처져 있다.

마카오에서 강을 하나 건너면 바로 주하이 창룽국제해양휴양지에 도달한다. 이곳은 주하이로 오는 관광객을 유치한다. 중국인이나 외국인 관광객이 1차로 마카오를 방문하고 나서 이곳에도 방문하도록 하는 데에 적절한 위치에 있다. 호텔 숙박비도 다른 지역에 비해 상대적으로 비싼 편이지만, 마카오의 호텔 숙박비가 워낙 비싸기 때문에 나름대로 경쟁력을 가진다.

주하이 창룽국제해양휴양지

珠海长隆国际海洋度假区, Zhuhai Chimelong International Ocean Tourist Resort

주하이 창룽국제해양휴양지로 가는 시내버스 안의 광고 표지판에서는 쉴 새 없이 이곳에 대한 광고가 이어진다. 중국의 다른 도시나 항공기 안에서도 자주 홍보되고 있는 걸 목격한 바 있다. 중국 전역으로부터 관광객을 유치하고자 하는 목적을 가진 휴양지이기 때문이다.

국제해양휴양지 입구에 이르니 거대한 헝친다오극장이 보인다. 이

극장의 2등석 입장권은 350위안이다. 바다를 상징하는 파란색의 외관이 시원하다. 여기서 마술 쇼나 각종 쇼를 한다. 극장 바로 옆에는 마술호텔이 있다. 마술을 주제로 한 700개의 객실을 구비하고 있다.

창룽펭귄호텔

시내버스 종점에서 내리니 창룽펭귄호텔이 보인다. 이 호텔의 테마는 펭귄이다. 호텔 정면에 바다에서 노는 펭귄의 모습을 형상화한 조각상이 있다. 내부에도 펭귄을 형상화한 벽화 등 각종 상징물이 있다. 손님이 많다. 아이를 데리고 온 젊은 부모도 많이 볼 수 있다. 펭귄호텔은 총 2천 개의 객실을 갖추고 있다.

호텔과 해양왕국은 곤돌라로 연결되어 있다. 운하는 이탈리아 베네치아를 연상시킨다. 곤돌라를 타고 운하를 건너는 모습은 마카오의 종합 몰인 베네시안을 연상시킨다.

세계 최대 규모의 해양동물 테마공원

호텔 맞은편에 있는 해양왕국은 세계 최대 규모의 해양동물 테마공원

으로 총 1만 5천 마리의 진귀한 어류가 있다. 평일 입장료는 350위안이다.

주하이 창룽국제해양휴양지를 건립한 기업은 창룽그룹이라는 민영기업이다. 이 그룹은 광저우에도 창룽휴양지를 보유하고 있다. 광저우 창룽에는 환락세계, 야생동물세계, 수상낙원, 조류낙원 등이 있다. 주하이 창룽과는 다른 특색이 있는 휴양지다.

소비 혁명과 교통 혁명이 가져온 레저타운 열풍

오늘날 중국의 대도시에는 이런 대규모 레저타운이 곳곳에 건설되고 있다. 선전의 둥부화차오청(东部华侨城)과 환러하이안(欢乐海岸)이 이런 유형이다. 상하이에는 디즈니랜드가 있다.

중국에서 레저타운의 발달에는 다음과 같은 요인이 있다. 먼저 소득수준의 향상과 여가시간의 증가에 있다. 이는 소비 혁명으로 이어지는 현상이다. 뿐만 아니라 교통 혁명이 각 도시의 레저타운 발전에 크게 기여했다. 주하이 창룽과 광저우 창룽에 오는 관광객은 주강 삼각주 도시에 국한되지 않고 중국의 전 지역에서 온다. 선전의 레저타운도 마찬가지다.

다른 도시나 비행기 안에서 종종 광저우나 선전의 테마공원이나 휴양지에 대한 광고를 볼 수 있었다. 고속철, 항공 노선 등의 급속한 확대가 이에 기여하는 것이다.

광동 선전深圳

광둥성广东省 **선전시**深圳市

소개 : 부성급시, 1선 도시, 홍콩특별행정구에 인접한 경제특구

마펑워 9대 명소 : 세계의창世界之窗, 선전환러구深圳欢乐谷, 둥부화차오청东部华侨城, 다메이샤해변공원大梅沙海滨公园, 선전대학深圳大學, 선전만공원深圳湾海滨公园, 중잉가中英街, 징지100京基100, 관란판화촌观澜版画村

기차역 : 선전역(1등급), 선전북역, 선전동역(3등급), 선전서역(3등급)

공항 : 선전 바오안宝安국제공항, 홍콩 국제공항을 이용해도 편리하다.

시내교통 : 전철(8개 노선)로 주요 지역을 대부분 갈 수 있다. 전철역이 199개다.

현재 중국의 직할시는 베이징과 상하이, 톈진, 충칭이다. 직할시가 되면 각종 이점이 주어진다. 따라서 대도시는 다섯 번째 직할시가 되기 위해서 각축을 벌이고 있다. 중국인들 사이에 다섯 번째 직할시로 가장 많이 거론되는 도시는 어디인가? 지린성의 창춘은 1953년에 직할시로 지정되었다가 1년도 못 되어 취소된 적이 있다. 창춘은 직할시에서 지린성의 성도로 강등되었다.

다섯 번째 직할시로 가장 많이 언급되는 도시

현재 중국 인민들에게 다섯 번째 직할시로 가장 많이 거론되는 도시

는 선전이나. 선선은 베이싱과 상하이, 광저우와 함께 1선 도시다. 더욱이 선전은 최근 각종 지표에서 중국 1위에 랭크되고 있다. 기업 시가 총액에서 상하이를 제치고 1위다. 경제 규모에서 홍콩을 제치고 있다. 중국에서 4차 산업혁명의 선두도시며, 외지인의 비율도 가장 높다. 광둥성이 경제 규모가 가장 크고 인구가 가장 많은 성 중 하나라는 점도 선전을 직할시로 분리할 가능성을 높인다. 홍콩과의 인접성도 승격 가능성을 높인다.

하지만 이러한 요인은 전적으로 중국 인민들의 생각일 뿐이다. 직할시 승격은 도시의 실력 외에도 다양한 요인에 의해서 결정된다. 중앙 정치 무대의 정치적 판단도 중요하게 작용할 것이다. 중앙 차원의 지역 개발계획도 직할시 승격의 우선순위를 결정하는 데 영향을 줄 것이다.

큐알코드로 꽉 찬 거리

광저우남역에서 선전북역까지는 고속철로 30분이 걸린다. 기차에서 내리자마자 먼저 선전북역의 규모에 놀랐다. 선전 시내로 가기 위해서 선전북역의 전철역으로 향했다. 전철역으로 들어가니 먼저 모바일 구매(手机购买)라는 장소에 모바일로 표를 구매하는 장소가 몇 군데 보인다. 4차 산업혁명의 선두도시답다.

위챗페이로 큐알코드를 찍어서 시빅센터 전철역으로 가는 표를 구입했다. 선전에도 1선 도시인 베이징, 상하이, 광저우처럼 전철 노선이 아주 많다. 전철을 이용하면 선전의 중요한 지역을 대부분 갈 수 있다.

시빅센터

시빅센터 전철역에서 나와서 본 시빅센터는 한 장의 사진으로 담을 수 없는 거대한 몇 개의 빌딩으로 구성되어 있다. 시정부, 시인민대표대회당, 시립박물관 등이 큼직큼직하게 자리하고 있다.

美团外卖
美团专送

다음에는 번화가로 이동했다. 세련되고 거대한 규모의 백화점과 각종 쇼핑센터로 꽉 차 있다. 점심때가 되니 모바일 음식 배달 업체인 어러머나 메이퇀와이마이가 새겨진 옷을 입은 음식 배달원이 바삐 움직이는 모습을 쉽게 볼 수 있다.

환러하이안

欢乐海岸, OCT Harbour

혁신적인 소비 공간과 관광도시로서 선전을 이해하기 위해서 환러하이안으로 향했다. 선전만 전철역에서 내려서 올라오니 바로 환러하이안의 입구가 보인다. 환러하이안은 쇼핑몰, 식당, 영화관, 커피숍, 호수, 수로, 호텔 등이 어우러진 혁신적인 소비 공간이다. 이런 중국 특유의 소비 공간을 땅값이 비싼 한국의 대도시에는 조성하기 어려울 것이다.

입구에 초대형 영화관이 보인다. 중간에는 호수가, 오른쪽에는 물길이 보인다. 물길을 따라 레스토랑 등이 밀집해 있다. 안으로 더 들어가니 커피숍이 즐비하다. 한참 더 걸어가니 쇼핑몰과 호텔이 보인다.

혁신적 소비 공간과 관광타운

선전이 4차 산업혁명의 선두도시라는 사실은 누구나 알고 있다. 하지만 선전은 혁신적 소비 공간과 관광타운을 육성함으로써 소비와 관광도시로도 몸집을 키우고 있다. 그동안 소비와 관광이 홍콩에서 주로 이루어졌다면 지금은 선전의 중요성이 커지고 있다. 실제 관광산업 분야에서 선전이 충칭, 청두, 베이징, 상하이, 광저우와 함께 중국에서 가장 빨리 성장하는 도시가 되고 있다.

과기원

高新技术产业园区, High-tech Industrial Zone

4차 산업혁명의 선두기업이 밀집한 과기원

선전의 대표적인 특성은 4차 산업혁명의 선두도시라는 점이다. 이러한 특성을 파악하기에는 과기원만 한 곳이 없다. 과기원은 가오신취(高新技术产业园区)로 불리기도 한다. 가오신취는 중국에서 4차 산업혁명을 이끄는 핵심지역이다. 1996년에 설립되기 시작했지만 지금도 빌딩, 아파트, 상업지구가 계속 들어서고 있다. 주차장 밖으로 나오니 가전제품으로 유명한 TCL그룹도 보인다. 전자제품으로 유명한 캉자(康佳, KONKA)의 거대한 빌딩도 보인다.

선전에는 제2금융권 회사에 근무하는 필자의 제자가 있다. 이 제자가 운전하는 차로 선전 난산구에 소재하는 가오신취의 한 빌딩 주차장에 도착했다. 한 중국인이 휴대폰으로 주차장 벽에 있는 큐알코드를 찍어서 주차료를 간단하게 지불하였다.

소비 공간의 혁신

다음으로 과기원 전철역 바로 옆에 위치한 완샹톈디(万象天地)로 향했다. 2017년 9월에 오픈한 완샹텐디는 식당, 커피숍, 쇼핑몰이 밀집한 거리다. 완샹텐디는 쇼핑몰과 상업가를 결합한 신 개념의 쇼핑거리다. 선전의 높은 소비 수준을 확인할 수 있었다. 많은 식당, 커피숍, 상점은 홍콩 투자 기업들이다.

선전대학

深圳大學, Shenzhen University

선전대학은 985공정대학도, 211공정대학도 아니다. 1983년 국무원의 비준을 받은 신생 종합대학이다. 하지만 중국에서 가장 빨리 발전하는 대학이다. 이 대학 출신으로 텐센트의 창업자인 마화텅을 비롯해서 장즈둥(张志东), 스위주(史玉柱) 등 유명한 기업가가 많다. 4차 산업혁명의 선두대학으로 성장할 가능성이 충분하다.

선전대학 북문으로 들어가자 곳곳에 건설현장이 보인다. 과학기술 분야의 큰 건물도 보인다. 선전대학 바로 옆은 과기원이다. 선전대학에서는 어디서나 텐센트의 건물을 볼 수 있다. 더욱이 한징그룹(汉京集

团) 등 과기원의 다른 거대한 건물도 보인다. 선전대학은 위치나 졸업생으로 보나 4차 산업혁명의 선두대학으로서 잠재력이 충분하다.

무인편의점

无人便宜店, Automated Convenience Store

폐쇄형 무인편의점

선전에 두 가지 종류의 무인편의점이 존재한다. 하나는 입구에서는 모바일로 등록하고 출구에서는 결제를 해야 문이 열리는 방식이다. 이런 유형을 편의상 '폐쇄형 무인편의점'이라고 부르겠다. TCL에서 차로 5분 거리에 있는 톈홍다샤(天虹大厦)의 무인편의점인 웰고(Well Go)는 건물의 한 모퉁이에 있다. 위챗으로 문 앞의 큐알코드를 스캔하고 등록을 하고 들어간다. 상품을 고르고 계산대에 가서 큐알코드를 스캔하고 결제하면 자동으로 문이 열린다. 30분 정도 지켜보았는데 이 편의점에는 사람이 많지는 않다.

개방형 무인편의점

다른 하나는 개방형 무인편의점이다. TCL 건물 1층에 있는 웨이라이상뎬(未来商店)은 다른 무인편의점과 달리, 들어갈 때 스마트폰으로 따로 큐알코드를 스캔할 필요가

없나. 들어살 때 신분인식이 필요 없다는 점에서 폐쇄형 무인편의점과 다르다. TCL 건물은 가오신위안 전철역 바로 옆에 있다. 웨이라이상뎬은 2017년 10월 6일에 개업하였다.

내부에는 네 개의 자동 기계가 있다. 물품판매기(标品售货机), 음료판매기(冲饮售货机), 신선식품판매기(鲜食商品售货机), 자동세척식탁(自动清理餐桌)이다. 물품판매기에서는 모바일로 결제한 후 과자, 음료 등을 살 수 있다. 구입 시간은 30초면 가능하다.

음식을 전달하는 로봇

음료판매기에서는 커피, 차, 라면 등을 구입할 수 있다. 결제하고 구입하는 데까지 약 2분이 걸린다. 벽면에 있는 스크린의 순서대로 커피를 주문해보았다. 6위안의 커피를 모바일로 결제하는데 40% 할인이 되어 3.6위안이었다. 5분이 지나니 다른 벽면에서 문이 열리더니 로봇이 커피를 전달한다. 공상과학의 세계에 온듯하다.

신선식품판매기에서는 신선식품을 구입할 수 있다. 상점의 중앙에는 자동세척식탁이 있다. 이 식탁은 음식을 먹고 나면 자동으로 버리고 세척하는 기능을 갖고 있다.

공상과학 세계 같은 무인편의점

웨이라이상뎬의 핵심기술은 로봇 팔과 지능창고다. 한쪽 벽면이 열리면서 로봇 팔이 커피를 선반에 갖다둔다. 물건 값은 유인편의점보다 싸다. 30분을 지켜보니 이 무인편의점에는 사용자가 많다. 들어갈 때 신분인식이 필요 없고, 커피나 라면처럼 뜨거운 음식을 제공한다는 점에서 웨이라이상뎬은 폐쇄형 무인편의점의 보강판이라 할 수 있다.

낙관적 전망과 부정적 전망

무인편의점에 대해서는 낙관적 전망과 부정적 전망이 엇갈린다. 웨이라이상뎬의 창업자인 쉬하이청(徐海成)은 2018년은 무인편의점의 폭발적 성장의 원년이라고 보았다. 2018년 1월 텐센트도 무인편의점 사업에 뛰어들었다는 점도 낙관적 전망에 무게를 실어준다.

부정적 전망도 다소 존재한다. 2017년 하반기 개업한 알리바바의 빙고박스(Bingo Box)는 폐업했다. 필자는 상하이, 닝보, 원저우 등에서 폐업해서 텅 빈 빙고박스를 확인하였다. 아니면 아예 빙고박스의 흔적도 없이 사라진 장소를 확인하였다. 빙고박스의 실패 요인으로 여러 가지가 지적되고 있다. 그 가운데 하나는 폐쇄형 무인편의점 안으로 노인이나 유소년과 같이 들어가서 물건을 고르고 구입하기가 쉽지 않다는 점이다.

중국에서 무인편의점이 아직 시기상조라는 시각도 있다. 무인편의점에 대한 IT 대기업의 대규모 투자계획도 아직 없다. 하지만 폐쇄형 무인편의점의 단점을 보완한 형태의 무인편의점은 더욱 발전할 것으로 보인다. 무인편의점은 주목해야 하는 소매점임이 분명하다. 폐쇄형 무인편의점의 단점을 보완한 웨이라이상뎬 같은 개방형 무인편의점이 당분간 성공 가능성이 높을 것으로 생각한다.

홍콩香港

홍콩특별행정구香港特别行政区

소개 : 특별자치행정구역

마펑워 7대 명소 : 디즈니랜드香港迪士尼乐园, 빅토리아항维多利亚港, 홍콩해양공원香港海洋公园, 타이핑산정상太平山顶, 유젠왕油尖旺, 중환中环, 라마섬南丫岛

기차역 : 웨스트카오룽역(선전에서 웨스트카오룽역까지 고속철도 개통), 홍칸역

공항 : 홍콩 국제공항

시내교통 : 대중교통 체계가 잘된 도시로, 전철(8개 노선)로 주요 지역을 대부분 갈 수 있다.

강주아오대교

港珠澳大橋, Hong Kong—Zuhai—Macau Bridge

메이리만은 주하이에서 가장 아름다운 해변 가운데 하나다. 주하이의 해운대와 같은 곳이다. 메이리만에서 멀리 강주아오대교가 보인다. 바다를 가로질러 길게 뻗어 있다. 수평선으로 착각할 정도로 대단히 길다. 중국의 10대 기적이라 할만한 대교다. 비가 오거나 시야가 안 좋은 날에는 대교가 보이지 않는다. 필자가 갔을 때는 아직 정식 개통되지는 않았다. 하지만 시험운행하는 자동차들이 대교 위를 달리고 있다.

강주아오대교는 이후 2018년 9월에 이 지역을 강타한 태풍 망쿳에도 끄떡없이 견디었다. 드디어 10월 23일에 시진핑(习近平)이 개통을 선

언하였다. 이후 이 대교는 그 규모만큼 이 지역의 인적 이동과 물류에 큰 영향을 주고 있다. 당장 홍콩과 마카오를 방문하는 중국인이 급격히 증가하고 있다.

주하이에서 선전으로 가는 페리를 타면 이 대교를 좀 더 가까이서 관찰할 수 있다. 선전으로 가는 페리를 타기 위해서 주하이의 주저우항으로 향했다. 주저우항에서 선전 서커우까지는 약 한 시간이 소요된다. 페리가 달리는 동안 오른편 창으로 강주아오대교가 끝없이 펼쳐진다. 바다에 있는 만리장성을 보는 것 같다. 만리장성이 불가사의하듯이 강주아오대교도 불가사의하다. 바다 위에 어떻게 저렇게 긴 다리를 건설할 수 있었을까? 한마디로 놀라울 뿐이다.

세 시간 걸리던 구간이 30분으로 단축

세계 최장의 강주아오대교는 홍콩과 주하이와 마카오를 잇는다. 총길이는 해저터널 6.7킬로미터를 포함해서 55킬로미터다. 주하이에서 홍콩까지는 육로로 세 시간 이상이 소요된다. 자동차가 정체되는 구간이 많기 때문에 실제 이보다 많이 걸릴 수 있다.

수하이에서 선전까지는 200킬로미터 거리인데 직행버스로는 두 시간 10분이 걸린다. 직행버스는 주하이에서 중산-광저우-둥관을 경유해서 선전으로 간다. 주강 삼각주의 주요 도시를 경유하는 이 구간의 주변에는 많은 인구가 거주한다. 따라서 교통량이 많다. 이 구간에 있는 후먼대교는 중국에서 가장 정체되는 대교 가운데 하나로 유명하다. 선전의 통관에 도착해서도 수속 시간이 필요하다. 이렇게 본다면 실제 시간은 세 시간이 훨씬 더 걸릴 수 있다.

이 대교가 개통되면 30분으로 시간이 단축된다니 이 엄청난 건설을 하게 된 배경을 충분히 이해할 수 있다. 강주아오대교는 예상되는 영향 때문에 건설기간 동안에 주하이 부동산 가격의 상승을 이끌었다고 한다. 주하이에도 영향을 줄 뿐 아니라 홍콩에 대한 물리적 통합을 더욱 가속화할 것으로 보인다.

인산인해의 홍콩행 통관

홍콩으로 가기 위해서 광저우남역에서 선전북역으로 향했다. 고속철로 30분이 걸린다. 홍콩으로 가기 위해서는 선전북역에서 하차해서 홍콩으로 가는 통관을 이용해야 한다. 홍콩으로 가는 통관에는 황강(皇岗)통관과 푸톈(福田)통관, 뤄후(罗湖)통관 등이 있다.

먼저 푸톈통관으로 향했다. 푸톈통관에 접근할수록 전철 안에 큰 여행가방을 든 중국인들이 점점 많아진다. 푸톈통관 인근에는 쇼핑몰이 많다. 마카오 맞은편에 있는 주하이의 궁베이 통관의 지하상가에는 상점들과 엄청난 수의 음식점, 스낵바, 휴대폰 대리점 등이 있다.

주하이 푸톈통관과 홍콩 사이에는 하천이 흐르고 있다. 선전과 홍콩의 경계에는 마카오와 주하이처럼 철조망이 처져 있다. 이 하천 위의 다리로 엄청난 수의 중국인이 홍콩으로 건너가고 있다.

전철역으로 몇 정거장 더 가면 황강통관이 있다. 이 통관은 푸톈통관보다 규모가 작다. 뤄후통관은 황강통관에서 좀 떨어진 전철역 인근에 있다. 통관 옆에 있는 쇼핑몰에는 많은 상점, 네일아트점, 음식점 등이 있다. 이 점은 다른 통관과 차이가 없다.

고속철로 통합된 홍콩

2018년 9월에 선전에서 홍콩 웨스트카우룽역까지 고속철도가 개통하였다. 중국인도 이제 선전의 통관을 거치지 않고 홍콩에서 입경 절차를 거쳐 바로 홍콩으로 들어가는 것이 가능해졌다. 광저우에서 홍콩 웨스트카우룽까지 두 시간으로 바로 도착해서 입국 수속이 가능하다. 중간에 선전북역에서도 탑승이 가능하다.

선전-홍콩 고속철이 개통되어 이전보다 짧은 시간으로 홍콩에 도착할 수 있다. 홍콩이 대륙에 물리적으로 더욱 가까워진 것이다. 오늘날 홍콩은 갈수록 대륙에 통합되고 있다. 교통에 의한 통합은 물론 정치, 경제, 사회, 문화의 통합이 갈수록 심화되고 있다.

홍콩인의 '중국인이라는 정체성'은 하락

필자는 2018년 상반기에 동아대에서 개최된 국제학술회의에서 호주 맥쿼리대학의 홍콩 전문가인 케빈 캐리코(Kevin Carrico) 교수의 〈오늘날 중국 정체성의 패러독스〉라는 발표에 대한 토론을 한 적이 있다. 캐리코 교수는 한 여론조사를 인용하면서, 중화인민공화국 주도의 통합이 심화될수록 홍콩 사람들은 자신들을 중국인으로 덜 느낀다는 경향이라고 봤다.

홍콩대학 여론 프로그램의 설문 결과는 이를 상당히 뒷받침한다. 1997년 홍콩이 중국으로 반환되던 날 밤, 여론조사에서 18~29세 청년층 31%가 자신들을 "대체로 중국인"이라고 생각한다고 나왔다. 중국에 통합된 지 20년이 지난 2017년경에 그 수치는 눈을 의심할 정도인 3.1%로 폭락했다. 그는 이러한 현상을 설명하기 위해서 비순응 주기라는 이론에 입각해서 1997년 홍콩 반환 이후 중국-홍콩의 관계가 네 단계인 차이, 부정, 과격화, 강력탄압으로 진화했다고 분석하고 있다.

조건 변화에 따른 중국의 대응 변화

하지만 이런 시각만으로는 홍콩에 대한 중국의 정책을 충분히 설명하지 못한다. 1997년 중국은 50년간 홍콩의 기존 자본주의 시스템과 법제도를 유지한다고 약속했다. 그때와 지금은 상황이 많이 변했다. 오늘날 선전은 홍콩 못지않은 경제 규모를 갖고 있다. 광저우의 발전도 놀랍다. 주강 삼각주에서도 홍콩이 점차 여러 도시의 하나로 위상이 추락하고 있다. 최근 중국은 하이난을 자유무역 시험항으로 지정했다.

1997년에 존재했던 홍콩의 독점적 이점이 사라져가고 있다. 홍콩-마카오와 주하이를 잇는 강주아오대교나 선전-홍콩 고속철에서 대표되듯이 홍콩은 갈수록 대륙에 통합되고 있다. 중국의 경제발전이 예상보다 빨랐다는 것이다. 1997년 반환 시에 중국 GDP에서 차지하였던 홍콩의 비중이 현재 훨씬 떨어졌고, 중국 의존도는 훨씬 높아졌다.

이런 상황에서 중국은 홍콩 반환시점에서 생각했던 것보다 지금 홍콩에 보다 강력한 힘을 행사할 수 있다고 생각하는 것이 아닐까? 예상보다 빨랐던 중국의 경제발전과 홍콩의 통합을 더욱 강조해야 하지 않을까? 그래야 중국의 대응을 보다 잘 이해할 수 있지 않을까?

황금 브랜드

홍콩을 여행하다 보면 많은 황금 매장을 보게 된다. 대표적으로 저우다푸와 저우성성이다. 저우다푸(周大福)와 저우성성(周生生)은 역사가 오래된 홍콩 브랜드다. 둘 다 창업자가 광둥인이며 첫 점포는 광저우에서 시작되었다.

저우(周) 성이 많은 황금 매장

홍콩뿐만 아니라 다른 남방도시에서도 마찬가지로 황금 매장이 많이 보인다. 특히 번화가에 있는 황금 매장은 건평이 넓고 2층일 정도로 큰 매장이 많다. 화려한 조명과 규모가 큰 매장에 황금과 보석이 전시되어 있기 때문에 어디에서도 눈에 잘 띈다. 중국의 황금, 보석 시장 규모는 과거부터 컸고 지금도 급격히 팽창하고 있다.

여기서 아주 흥미로운 점이 하나 있다. 많은 황금 매장의 이름이 서로 비슷비슷하다는 묘한 사실을 알 수 있다. 닝보의 번화가인 청황먀오(城隍庙) 상업보행가를 지나면 저우다푸라는 황금 매장이 보인다. 다른 곳에는 성이 같은 저우성성이 보인다. 시솽반나의 징훙시에서 가장 큰 복합 쇼핑몰에는 이와 아주 유사한 이름의 저우다성(周大生)이 있다. 뿐만 아니다. 저우진성(周金生), 저우류푸(周六福), 저우바이푸(周百福), 저우푸성(周福生), 저우다파(周大发)도 있다. 대부분이 비슷한 이름의 황금 매장이다. 저우(周) 성을 가진 브랜드가 많다.

저우(周), 다(大), 푸(幅)와 성(生)이 많이 들어간 황금 매장

저장에서 가장 소득이 높다는 원저우의 보행가인 우마가에도 황금 매장이 많다. 그 가운데 하나는 진다푸(金大幅)다. 황금 브랜드에 많이 들어가는 글자인 다(大)와 푸(幅)가 들어간다. 그 밖에 성(生)이 들어간 황금 매장도 많다. 비슷한 이름의 황금 매장이 수십 개가 되어 상당히 혼란스럽다.

물론 이런 이름이 아닌 황금 매장도 있다. 예컨대 상하이의 라오먀오황진(老庙黄金)이다. 본점은 상하이의 위위안(豫园) 관광지구에 위치해

있다. 두 층으로 된 건물이다. 외관으로 보아도 규모가 아주 크다. 우저우의 번화가에 있었던 국유기업 황금 매장의 이름은 광둥황금(广东黄金)이었다.

저우(周), 다(大), 푸(福), 성(生)을 조합한 이름

홍콩 브랜드인 저우다푸와 저우성성이란 브랜드가 유명해진 후 이유는 알 수 없지만 저우, 다, 푸, 성을 조합한 이름이 속출하기 시작했다. 저우다성이 대표적이다. 저우다성은 푸젠 푸칭인인 저우쭝원(周宗文)이 1999년에 베이징 왕푸징에서 창업한 점포다. 이렇게 보면 저우다성도 성이 저우인 창업자인 셈이다. 현재 2,300개의 점포를 보유하고 있는 저우다성도 상당히 성공한 황금 브랜드다.

중국인이 좋아하는 파(发)와 푸(福)

푸(福)가 들어간 브랜드도 많다. 저우바이푸(周百福)는 백 가지 복을 준다는 것이다. 저우류푸(周六福)는 여섯 가지 복을 갖추고 행복이 오래간다는 뜻이다. 육복(六福)은 건강, 평안, 화합, 부유, 미덕, 성취를 말한

다. 중국인이 황금을 소유하거나 선물할 때 여섯 가지 복을 소유하거나 줄 수 있다는 것이다. 중국인이 가장 좋아하는 말이 아닐까.

파(发)는 '돈을 벌다'는 뜻의 파차이(发财)에 들어가는 글자다. 저우바이파(周百发)와 저우다파(周大发)에서 보듯이 그냥 돈을 버는 것이 아니라 아주 크게 번다는 글자인 바이(百)와 다(大)를 추가한 것이다.

황금을 좋아하는 중국인

유사한 이름이 속출하는 데는 여러 가지 요인이 있다. 전통적으로 중국인들은 황금을 좋아한다. 지금도 중국인은 황금을 가치 보전의 수단으로 생각한다. 한 중국인 교수는 "황금의 황색은 황권과 재부의 상징이어서 중국인은 황금을 산다"라고 말한다.

중국인이 좋아하는 글자

저우, 다, 푸, 성처럼 중국인들은 특정 숫자와 글자를 좋아하는 국민성을 갖고 있다. 중국에서 전화번호를 구입할 때 중국인이 선호하는 숫자가 들어간 전화번호는 빨리 판매된다는 사실을 알 수 있다. 자동차

번호도 마찬가지다. 좋은 번호는 웃돈을 얹어야 한다. 반대로 중국인들이 기피하는 숫자가 있다는 사실도 알아야 한다.

황금 브랜드의 명칭에 담겨진 비밀

중국의 황금 브랜드의 명칭과 유사성의 구조에는 경제, 사회, 문화적 요인이 복합적으로 담겨 있다. 다시 말하면 중국인들의 소득 수준의 향상에 따른 황금 시장의 팽창이라는 경제적 요인이 있다. 중국인이 선호하는 글자라는 문화적 요인이 있다. 황금을 좋아하는 중국인들의 성향이라는 사회적 요인이 작용하고 있는 것이다.

마카오澳门

마카오특별행정구澳门特别行政区

소개 : 특별자치행정구역

마펑워 10대 명소 : 성바오로성당大三巴牌坊, 베네시안마카오澳门威尼斯人, 세나두광장议事亭前地, 몬테요새大炮台, 성도미니크성당玫瑰堂, 관광탑澳门旅游塔, 룽환푸윈주택식박물관龙环葡韵住宅式博物馆, 학사해변黑沙海滩, 성로렌스성당圣老楞佐教堂, 성아우구스티노광장岗顶前地

세계문화유산 : 마카오 역사지구(2005)

공항 : 마카오 국제공항

시내교통 : 호텔 무료 셔틀버스를 이용하면 편리하다.

거대한 인파가 몰리는 주하이 궁베이통관

중국의 소비 혁명을 파악하고자 마카오에 가보기로 했다. 주강 삼각주의 도시를 여행하기에 가장 좋은 겨울이다. 마카오 명소 가운데서 최근 핫플레이스가 된 '베네시안 마카오 리조트 호텔'을 택했다.

2018년 1월 하순 토요일 아침부터 거대한 인파가 주하이 궁베이통관에서 마카오로 이어진다. 마카오로 가는 내국인 관광객이 너무 많아지자 중국 정부는 내국인의 경우 1개월에 1회만 마카오 방문을 허용하고 있다.

주하이 궁베이통관을 거쳐 마카오 관자(关闸)통관을 통해 마카오로 들어갔다. 관자통관에서는 별도의 비자가 필요 없고 직원에게 여권을 보이면 입경증명서를 준다. 통관으로 들어가서 바로 옆 각종 쇼핑몰로 가는 행렬이 줄을 이었다. 베네시안으로 가는 무료 셔틀버스를 타는 줄에 섰는데 수백 미터에 이른다. 거의 한 시간 반을 기다리고서야 셔틀버스에 승차할 수 있었다.

베네시안 마카오 리조트 호텔

澳门威尼斯人, Venetian Macao Resort Hotel

30분 후에 도착한 베네시안은 인산인해다. 때는 토요일이기도 하다. 다수가 중국인이다. 한국인 목소리도 많이 들린다. 중국 은행의 에이티엠도 쉽게 볼 수 있다.

베네시안은 쇼핑몰, 카지노, 식당, 호텔 등의 거대한 복합건물이다. 서문으로 들어가자 먼저 카지노가 보인다. 더 들어가자 실내 운하가 보인다. 운하에는 곤돌라를 타고 가는 관광객도 보인다. 운하와 곤돌라에서 이탈리아 도시 베네치아의 분위기가 물씬 풍긴다. 운하 옆은 쇼핑거리다. 더 들어가자 식당 광장도 보인다. 다른 편에는 호텔도 있다. 베네시안은 거대한 타운이다. 밤에 레이저쇼도 볼만하다.

베네시안의 규모와 그 인파를 통해서 마카오가 미국 라스베가스보다 경제 규모가 더 큰 도시라는 사실을 실감할 수 있다. 이것이 가능한 요인은 중국인들의 여행 붐이라는 소비 혁명에 있다. 중국의 수요를 잘 예측한 마카오 기업의 전략도 성공적이었다.

중국 본토와는 다른 결제 방식

마카오특별행정구에서 중국 모바일 결제가 가능한 곳이 많지 않다는 사실은 의외였다. 이전에 통관을 나와서 공항버스를 탈 때 30위안을 위챗페이로 결제한 적은 있었다. 하지만 그 이후 마카오에서는 어떤 장소에서도 위챗페이나 알리페이로 결제할 수 없었다. 위안화도 불가

VENETIAN
VENETIAN

했고 홍콩 달러나 마카오 달러 아니면 한국에서 사용하던 신용카드만 가능했다. 마카오의 호텔이나 식당에서는 중국 모바일 결제가 불가했다. 중국 본토에서 위챗페이나 알리페이로 안 되던 곳이 없는 것과는 대조적이었다.

중국인 신분증 제도

중국 은행 에이티엠

마카오의 중국 은행 에이티엠에서도 외국인은 중국 은행 체크카드를 갖고 있어도 현금을 인출할 수 없다. 중국인 신분증을 스캔해야 현금을 인출할 수 있기 때문이다. 마카오뿐 아니라 중국 본토에서도 중국인 신분증이 없기 때문에 불편한 경우가 가끔 있다.

중국인 신분증이 없는 외국인은 모바일 혁명의 편리함을 종종 못 누린다. 중국인 신분증이 모바일과 연동되는 경우가 있기 때문이다.

기차표 구입

외국인도 중국인처럼 기차표나 시외버스표를 모바일로 구입할 수 있다. 하지만 역에 가서는 좌석표를 받기 위해서 오프라인 좌석표 창구에 줄을 서야 한다. 이런 좌석표 창구 앞의 대열은 대부분 길게 마련이다. 특히 이동이 극심한 춘절, 국경절 때에는 대열이 장사진을 이룬다. 상황이 이러니 외국인들은 모바일로 표를 구입하고도 언제나 긴장해서 중국인보다 미리 역에 가서 좌석표를 받는 창구에 줄 서 있어야 한다.

중국인 신분증은 실명제의 중요한 토대

중국인은 어떤가? 중국인은 모바일로 예매를 하면 좌석표를 역무원 창구가 아닌 자동취표기에서 받을 수 있다. 취표기에서 번호를 입력하고 신분증을 취표기의 해당 부분에 갖다 대면 좌석표를 뽑을 수 있다. 중국인 신분증에는 한국의 주민등록증과 달리 기계가 인식하는 칩이 내재되어 있다.

외국인도 중국에서 장기체류하고 일정한 조건을 갖추면 영구거류증을 받을 수 있다. 영구거류증에도 중국인 신분증처럼 칩이 내재되어 있다.

중국인 신분증과 영구거류증은 개인의 신분을 기계가 인식할 수 있게 되어 있어서 신분인식과 실명제의 핵심 수단이다.

광시 난닝南宁

광시좡족자치구广西壮族自治区 **난닝시**南宁市

소개 : 성도, 지급시

마펑워 5대 명소 : 칭슈산관광지구青秀山风景区, 난호공원南湖公园, 양메이고진扬美古镇, 광시민족박물관广西民族博物馆, 국제컨벤션센터南宁国际会展中心

기차역 : 난닝동역, 난닝역(특급), 난닝서역(1등급), 난닝남역, 난닝북역(1등급, 2022년 완공)

공항 : 난닝 우수吴圩국제공항

시내교통 : 전철(2개 노선)이 주요 지역을 경유한다. 여러 개의 노선이 건설 중에 있다.

난닝의 2대 특성, 동남아와 민족

광시 우저우남역에서 구이강(贵港)시로 진입하니 광시와 구이저우에서 흔히 볼 수 있는 카르스트 지형이 창밖으로 보이기 시작한다. 우저우남역에서 난닝역까지는 둥처로 두 시간 10분이 소요된다. 시속 200킬로미터로 달리는 둥처는 시속 300킬로미터로 달리는 고속철과는 구분된다. 보통 영문으로 둥처는 D로, 고속철은 G로 표기된다. 둘 다 포함해서 고속철이라 하기도 한다.

난닝기차역 전철역에서 어디로 갈지 결정하기 위해서 벽면에 붙어 있는 난닝시 전철 노선을 보았다. 우선 아세안상업지구 전철역이 눈에 띈다. 다른 남방도시에서는 보지 못했던 지명이다. 광시는 동남아 국가와 국경이 접하거나 교류가 빈번한 지역이다. 광시의 중심인 난닝시의 두 가지 특성은 동남아와 민족이다. 동남아와 인접하고 있다는 점과 다양한 민족이 거주한다는 점이 난닝의 2대 특성이다.

명소는 전철역 주변에 있다

난닝시 전철 노선을 보니 아세안상업지구역 바로 옆에 완샹청(万象城)역이 있다. 완샹청도 아세안상업지구의 핵심건물이다. 또 바로 옆 전철역으로는 난닝컨벤션센터(南宁会展中心)가 있다. 중국의 도시를 둘러볼 때는 먼저 전철을 이용하는 것이 좋다. 도시의 특성을 파악할 수 있는 중요한 명소에는 대부분 전철역이 있는 경우가 많다. 남방도시 가운데 성도에는 모두 전철 노선이 있다. 성도는 아니지만 선전, 둥관 같은 일부 도시에도 전철이 있다.

아세안상업지구

东盟商务区, Asean Business District

아세안과의 교류 중심

아세안상업지구 전철역에서 나오니 수십 층이 되는 빌딩들이 즐비하다. 아세안과 관련된 빌딩이 많다. 그중에 한 빌딩에 가보니 난닝시 무역센터라는 표지가 있다. 난닝시 정부 산하의 무역센터다. 중국아세안국제상무물류센터의 대형 고층빌딩도 보인다. 다른 편에는 아세안재경센터도 보인다. 신축하는 빌딩들이 여기저기 많이 보인다. 투자가 계속되고 있다는 증거다. 난닝과 아세안과의 관계가 최근 강화되고 있다는 사실을 짐작할 수 있다.

난닝 아세안상업지구의 역사와 기능

난닝 아세안상업지구의 조성은 2004년 10월에 개최된 1차 중국-아세안박람회가 계기가 되었다. 이 회의에서 난닝시가 중국-아세안박람회의 영구적 개최도시로 결정되었다. 같은 해에 광시 정부와 난닝시 정부는 아세안상업지구를 조성하기로 결정했다. 2011년엔 아세안상업지구의 상업거리가, 2012년에는 완샹청이 완공되었다. 이어서 아세안상업지구의 주요 건물들이 완공되고 있다.

고급 소비를 주도하는 완샹청

아세안상업지구 안에 위치한 난닝 완샹청은 건축면적이 27만 4천 제곱미터인 광시 최대의 쇼핑몰이다. 마펑워에서도 쇼핑 분야의 3대 핫플레이스 가운데 하나라고 평가한다. 완샹청 전철역에서 내리면 바로 완샹청으로 들어갈 수 있다.

2012년 완공된 난닝 완샹청은 선전 완샹청을 본뜬 것이다. 선전 완샹청에서 본 것처럼 국제 명품점, 5성급 영화관, 패션 정품점, 미식광장 등이 있다. 올림픽 수준의 스케이트장도 있다. 완샹청은 중국의 고급 소비의 급증을 잘 보여준다. 광시에는 류저우에도 완샹청이 있다.

난닝화룬중심

완샹청 주변에 사무실, 5성급 호텔, 고급주택 등이 보인다. 완샹청을 포함해서 이를 통틀어 난닝화룬중심(南宁华润中心)이라 한다. 이곳은 아세안상업구의 핵심지구로 총건축면적은 120만 제곱미터에 이른다. 난닝화룬중심은 세계 500대 기업인 홍콩의 화룬그룹이 투자하고 경영하고 있다.

바이두에 따르면 난닝화룬중심은 HOPSCA다. 이는 호텔(Hotel), 오피스(Office), 생태공원(Park), 쇼핑센터(Shopping Center), 컨벤션(Convention), 아파트(Apartment)의 앞 글자를 딴 말이다. 이 여섯 가지가 일체화된 복합적 원스톱 단지를 말한다. 화룬그룹은 자칭 세계적으로 가장 선진적인 부

동산 개발 모델이라고 한다. 2002년에 선전을 시작으로 2018년 현재 중국 20여 개 도시에 있다.

완상청을 봄으로써 아세안상업지구는 거의 다 참관한 셈이다. 전체적으로 보면 아세안상업지구는 외관상 난닝에서 가장 국제화된 지역의 면모를 갖추고 있다. 아세안 각국의 비즈니스, 사무, 생활 서비스 기능을 갖춘 종합지구이면서 연락 사무처라는 특성도 보인다.

난닝 컨벤션센터

난닝 컨벤션센터는 마펑워에서도 인기 순위 5위 안에 들어가는 핫플레이스다. 아세안상업지구에서 서쪽으로 1킬로미터 떨어진 곳에 위치한다. 난닝컨벤션센터 전철역에서 내리면 된다.

컨벤션센터는 여러 동의 대형 건물로 구성되어 있다. 중앙광장의 정면에 있는 대형 홀 지붕에 흰색의 대형 돔은 난닝을 대표하는 상징물이기도 하다.

대형 돔의 직경은 60미터에 이르며 무궁화를 상징한다. 열두 개의 꽃잎은 광시의 열두 소수민족을 의미한다. 어두워지니 대형 돔과 중앙광장의 야경이 무척 아름답다. 난닝과 컨벤션센터를 상징하는 대표적인 건축물답다.

아세안문화원과 동남아미식가

민족박물관과는 버스로 한 정거장 거리에 있는 아세안문화원(东盟文化园)에 가보았다. 곧 문을 열 예정으로 내부공사를 마무리하고 있었다. 아세안문화원은 아세안과의 무역센터 구실을 할 것으로 보인다. 전시장 역할을 할 큰 건물들도 많이 보인다. 아세안 10개국의 자연풍광, 역사와 문화, 과학기술 등을 전시할 공간도 마련할 예정이라고 한다.

동남아미식가(东南亚美食街)는 동남아 음식을 다양하게 맛볼 수 있는 거리다. 이처럼 난닝에서는 아세안과의 긴밀한 관계를 곳곳에서 찾을 수 있다. 실제 현지인도 난닝의 발전 전략은 제조업 공장 유치보다 무역 강화 방향으로 가고 있다고 한다.

아세안과 교류 강화로 성장하는 도시

광시좡족자치구는 베트남과 국경이 접해 있다. 윈난과 함께 동남아와 가장 근접한 자치주다. 광시의 성도인 난닝은 동남아 국가와의 관계 강화로 동남아 분위기가 중국의 어떤 성도보다 강하다. 광시는 일대일로가 아세안으로 진출하는 데 중요한 통로다.

현지인의 말에 따르면 십여 년 전에는 쿤밍의 발전이 앞섰지만 지금은 상황이 바뀌고 있다. 최근 몇 년 사이 난닝의 발전 속도가 빠르다. 아세안과의 관계 강화가 주요 요인이다. 아세안상업지구, 아세안문화원 등에서 난닝의 발전 요인이 보인다.

시내버스 안에서 잔돈을 바꾸려다 우연히 재중동포 한 분을 만났다. 이분은 난닝의 발전 가능성을 실컷 이야기하다가 마지막에 "여기 몇 년 전에 집 사두었어요."라고 은근히 자랑한다.

하지만 개발의 부작용도 없지 않다. 난닝은 중국에서 가장 녹화가 잘된 성도다. 공기도 상당히 양호했었으나, 현지인의 말에 따르면 최근 도시 개발로 인해 환경이 악화되고 있다고 한다.

광시 민족박물관

广西民族博物馆, Anthropology Museum of Guangxi

광시좡족자치구의 성도인 난닝의 또 하나의 특성은 민족이다. 이런 연유에서 다음으로 난닝에 있는 광시민족박물관으로 향했다. 민족박물관 또한 마펑워에서 핫플레이스다. 민족박물관으로 가는 길에 시내버스 창밖으로 용(邕)강이 보인다. 용강은 시(西)강의 한 지류인 위(郁)강의 한 구간이면서 난닝의 일부 지역을 가로지른다.

100년고물건전시관

민족박물관은 광시에 거주하는 소수민족의 가옥, 복장, 악기 등을 전시하여 소수민족을 이해하는 데 큰 도움이 된다. 3층으로 올라가면 100

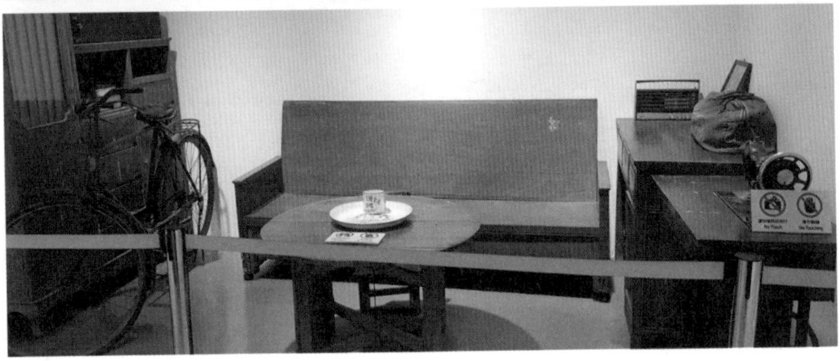

년고물건전시관이 있다. 여기서는 100년간 중국인들의 생활을 알 수 있는 각종 물건을 전시하여 당시 일반 백성들의 생활과 사회 상황을 알 수 있게 하였다. 1968년 결혼증서에는 신랑, 신부의 이름 위에 마오쩌둥의 어록이 있다는 점이 흥미롭다. 당시 문화대혁명의 상황을 반영한다. 1969년의 결혼증서에는 마오쩌둥의 어록이 없다. 1958년의 상장에도 상단에 마오쩌둥의 사진이 있다. 졸업증서도 많이 보인다.

그 옆 섹션에는 문화대혁명 시기의 각종 포스터, 소책자, 마오쩌둥 배지 등을 전시하고 있다. 포스터에는 "미국과 소련을 타도하자"는 문구가 보인다. 붉은 표지에 마오쩌둥 어록을 담은 소책자인 홍바오수(红宝书)도 보인다. 홍바오수는 당시에 누구나 지니고 있어야 하고 직장 등에도 비치되었다고 한다. 홍위병을 나타내는 명찰도 보인다.

다음 섹션에는 생활용품을 시기별로 전시하고 있다. 마지막 섹션에는 1970년대와 1980년대 집 내부의 모습을 보여주는 전시물이 있다.

1970년대로 추정되는 거실에는 재봉틀과 자전거, 라디오가 있다. 이 세 가지는 1970년대의 싼다젠(三大件)이다. 싼다젠은 시대마다 변했지만, 말로만 듣던 싼다젠을 1970년대 거실에서 확인할 수 있다는 점은 흥미로웠다. 민족박물관 뒤편에 있는 민족촌은 광시에 거주하는 몇몇 소수민족의 가옥을 조성한 곳이다.

민족적 특성을 가진 도시

광시좡족자치구의 성도임에도 불구하고 난닝의 간판에는 좡족 언어를 거의 찾을 수 없다. 네이멍구자치구와는 대조적이다. 대신 난닝의 곳곳에서는 민족이 들어간 각종 명칭을 찾을 수 있다. 민족대도, 민족박물관, 민족영화관, 민족광장, 광시민족대학 등이 그것이다. 민족의 도시라 할만하다.

공자사당

孔庙, Temple of Confucius

민족박물관에서 시내버스로 한 정거장 거리에 공자사당이 있다. 공자의 고향인 산둥성 취푸(曲阜)나 북방의 공자사당을 여러 번 본 적이 있기 때문에 가볼 것인가에 대해서 망설였지만, 남방의 공자사당이 궁금하고 규모가 커 보여 가보기로 했다.

사당으로 들어가니 사람들이 돈을 내고 기복을 담은 붉은 띠가 큰 나무에 엄청나게 많이 매달려 있다. 붉은 띠에 글자를 새겨주고 돈을 받는 접수대도 보인다. 불교사원이나 도교사원처럼 공자사당도 기복을 위한 기능을 하고 있다.

많은 사람들이 참배한 흔적으로 보아 1980년대 이후 공자사상 부활을 꾀하였던 중국 공산당의 성과를 엿볼 수 있었다. 본전 중심에는 공자의 큰 좌상이 있고 공자사상을 전파하는 데 기여한 안회, 맹자, 자사, 증자의 좌상이 공자를 둘러싸고 있다.

가정교육을 위한 명륜당

사당 제일 뒤편에는 명륜당(明伦堂)이 있다. 내부에는 각종 책들이 있고 학습 공간도 있다. 가정교육과 충효를 강조하는 교육관 같다. 난닝 출신이자 저우은라이의 부인인 덩잉차오(邓颖超)가 남편과 찍은 사진도 벽면에 있다. 이들은 현대의 영도자 가운데 가정교육의 귀감이 되는 인물이라서 전시했을 것이다. 이 공자사당은 북방과 다른 큰 차이점은 볼 수 없었다.

광시 우저우梧州

광시좡족자치구广西壮族自治区 **우저우시**梧州市

소개 : 지급시

마펑워 3대 명소 : 치러우청中国骑楼城, 우저우룽무먀오梧州龙母庙, 바이윈산관광지구白云山景区

기차역 : 우저우역, 우저우남역, 텅센藤县역, 첸시岑溪역

공항 : 우저우 창저우다오长洲岛공항

시내교통 : 작은 도시라서 디디추싱이 싸고 편리하다.

우저우는 잘 알려지지 않은 도시지만 난닝으로 가는 난광선의 중간에 위치한 지급시라서 광시 도시의 특성을 알 수 있지 않을까 하는 기대감에서 며칠 머물기로 했다.

고속철역의 안마의자

광저우남역에서 광시 우저우남역까지는 둥처로 한 시간 45분이 소요된다. 우저우남역은 다른 대도시 역에 비하면 크지 않지만, 그래도 실내는 2천 평은 되어 보이는 고속철역이다. 플랫폼으로 들어가는 행렬을 사이에 두고 한쪽은 일반 좌석이다. 다른 쪽은 수백 개의 안마의자로 꽉 차 있다. 한 의자에 앉아보았다. 왼편에 큐알코드가 있다. 안마 시간은 10분과 20분 두 가지 옵션이 있다. 기차를 기다리면서 빈 안마의자에 앉아 있으려니 한번 해보고 싶은 생각이 들었다.

휴대폰의 위챗페이를 열어 코드를 찍고 10분 요금을 결제했다. 부담

스럽지 않은 가격이다. 기계가 하는 안마의 힘과 질이 나쁘지 않다. 안마 방식도 두 가지 가운데 선택할 수 있다. 소득 수준이 높지 않은 지급시의 기차 역사 안이지만 사용자가 꽤 된다.

다른 도시에도 기차역과 공항, 쇼핑몰 등에 안마의자가 많다. 안마의자뿐만 아니라 무인노래방 등 다방면에 서비스 시설이 도입되고 있다. 이는 모바일 결제의 빠른 발전으로 가능하다.

세 강이 만나는 도시

룽무먀오(龙母庙) 인근에 구이(桂)강이 있다. 구이강을 계속 따라 내려가니 우저우가 왜 2천 년이나 된 도시인지 수수께끼가 풀린다. 구이강이 시강과 만나는 지점을 확인할 수 있었기 때문이다. 시강은 주강의 본류이고, 구이강은 시강의 주요 지류다. 역사가 오래된 남방 도시 가운데 많은 도시는 지류와 본류가 만나는 지점에 형성된 경우가 많다. 대표적으로 충칭이 양쯔강의 본류와 지류가 만나는 지점에 위치한다.

시강과 구이강의 홍수와 싸우는 도시

구이강의 강둑을 따라 역사문화회랑이 있다. 우저우는 2천 년 역사의 고대 도시다. 이 회랑은 강둑 아래 벽면에 우저우 수천 년 역사를 수백 미터에 걸쳐 조각이나 설명으로 표현한 것이다. 우저우 출신 국가 부주석의 조각도 있다.

그중에 하나 눈에 띄는 것은 항홍투(抗洪图)다. 항홍투란 홍수와 싸운 사실을 묘사한 그림이라는 뜻이다. 우저우 사람들이 주강의 본류인 시강과 그 지류인 구이강의 홍수를 막기 위해서 분투한 이야기를 조각으로 잘 묘사하고 있다. 우저우의 젖줄인 시강과 구이강은 홍수로 우저우를 괴롭히는 강이기도 하다. 다른 벽면에는 역대 총리를 했던 주룽지(朱镕基)와 원자바오(温家宝)의 지시도 표현하고 있다.

북방과 달리 강수량이 높은 남방에서는 홍수를 예방하는 것이 항상 큰 문제였다. 창(长)강과 주강도 그렇다. 창강의 싼샤(三峡)댐도 홍수에 대한 예방이 주요한 목적이다.

구도심의 관광지

旧都心, Old Town

주강 본류인 시강을 답사한 후 여행 앱에 있는 치러우청(骑楼城)으로 가 보았다. 치러우청은 옛 거리의 오래된 건물을 쇼핑몰, 음식점, 모텔, 기념품 가게 등으로 리모델링하여 상업거리로 전환한 것이다. 청나라 말기와 민국 초기 시대의 것으로 보이는 건물들이 즐비하다. 고대 건축물의 유적지도 있다.

이곳에서 디디추싱으로 10분 거리인 룽무먀오는 남방식 사당의 모습을 잘 보여준다. 마지막으로 디디추싱으로 5분 정도 되는 거리에 있는 웨이신(维新)리의 옛 마을에 가보았다. 아주 오래된 성당과 소학교 등이 있다. 청말, 민초의 남방 거리 모습을 잘 보존하였다. 관광객은 중국인이 대부분이다.

미개발 관광자원이 많은 도시

우저우의 구시가지는 모두 백 년쯤은 될 고풍스런 건물로 꽉 차 있다. 한국에 잘 알려져 있지 않지만 우저우에도 역사적인 관광자원은 충분한 것 같다. 중국 남방에는 우저우처럼 오랜 역사와 이야기를 갖고 있지만 아직 개발되지 않은 도시들이 많다.

광시 구이린桂林

광시좡족자치구广西壮族自治区 **구이린시**桂林市

소개 : 지급시

마펑워 9대 명소 : 양쉬시가阳朔西街, 리강漓江, 위룽허遇龙河, 샹산공원象山, 리강표류漓江漂流, 양강사호两江四湖, 계단식논龙脊梯田, 르웨솽탑日月双塔, 징장왕성靖江王城

기차역 : 구이린역(1등급), 구이린북역(특급), 구이린서역(2등급), 구이린북종합여객중심桂林北综合客运枢纽역(특급)

공항 : 구이린 량장两江국제공항

시내교통 : 버스 이용이 쉽다.

광저우남역에서 구이린북역까지는 고속철로 두 시간 30분이 걸리는 거리다. 광시 허저우에 이르러 작은 산봉우리들이 늘어선 카르스트 지형이 나타나기 시작했다. 광시의 카르스트 지형은 유네스코 등재 자연유산이기도 하다.

구이린북역에 도착하여 시내버스를 타고 버스터미널로 이동하였다. 버스터미널에서 양쉬까지는 버스로 두 시간 정도 걸렸다. 광저우남역에서 양쉬역까지 기차로 직접 가는 방법이 훨씬 편리하다는 사실을 나중에 알게 되었다. 9월초에 구이린을 여행하기에는 아직도 무척 더웠다. 광둥이나 푸젠처럼 비가 억수같이 많이 오니 도로에 물이 차서 걷기조차 힘들었다. 하지만 금방 맑아졌다.

양숴는 구이린 소속 현

양숴는 구이린시의 관할 현이다. 중국의 현은 한국의 군에 해당한다. 기장군이 부산광역시의 관할하에 있는 것과 마찬가지다. 구이린시의 상주인구는 2017년 기준으로 530여만 명이다. 양숴의 버스터미널 인근의 경제형 호텔인 치톈연쇄호텔은 1박에 128위안이었다. 동일한 치톈연쇄호텔이라도 지역에 따라 가격 차이가 난다. 물가가 비싼 선전의 경우 1박에 185위안이었다.

류싼제

刘三姐, Liu Sanjie

마펑워를 이용해서 〈류싼제(刘三姐)〉의 가장 저렴한 입장권을 검색하였다. 〈류싼제〉는 2004년부터 중국 전역의 이름난 관광도시에서 그 고장의 문화를 알리는 장이머우(张艺谋) 감독의 인상(印象) 시리즈 중 하나다. 위챗페이로 180위안을 결제하였다. 평일임에도 불구하고 공연장의 좌석은 거의 꽉 찼다. 장이머우 감독의 다른 인상 시리즈처럼 무대는 자연 그 자체를 활용하고 있다. 바이두백과에서 류싼제를 검색했다. 무대는 2킬로미터의 리(漓)강과 열두 개의 작은 산봉우리다. 세계 최대의 자연 극장이라고 한다. 무대는 조명이 비추고 있다. 총 2천 개의 관람석 가운데 일반석은 1,800개다.

일자리 제공의 효과

〈류싼제〉 공연에 관객은 몰입되었다. 색조가 아름답고 스케일이 웅장하다. 무대장치도 훌륭하고 이를 사용하는 기교도 뛰어나다. 과연 장이머우 감독답다. 출연하는 배우의 노고도 빼놓을 수 없다. 배우라기보다는 지역주민들이다. 〈류싼제〉는 700명의 지역주민을 동원한 공연이다. 일자리 제공의 효과가 크다. 외국인 관광객도 많이 보인다.

류싼제 브랜드를 활용하는 광시

장이머우의 〈류싼제〉를 비롯하여 구이린은 곳곳에 류싼제 브랜드를 활용하여 큰 경제적 효과를 거두고 있다. 구이린만 류싼제 브랜드를 활용하는 것이 아니라 광시 전체가 류싼제 브랜드를 각종 영역에서 활용한다. 류싼제는 고대 민간전설에 나오는 좡(壮)족 가수다. 걸출한 민간 가수를 대표하는 그녀에 대한 이야기와 노래가 천년이 넘는 세월을 거치며 민간에게 광범위하게 전파되었다.

광시 각 지방에서 류싼제 전설은 차이가 있고 다양하다. 하지만 각지에서 그녀를 추모하고 사랑하는 마음은 똑같다고 한다. 지금도 이저우, 류저우, 구이린, 구이핑 등지에는 그녀에 관한 유적지가 많이 남아 있다. 사당과 각종 조각도 있다. 지금도 광시 각지에서 전통가요 경연대회를 하면서 류싼제를 기념하고 있다.

민간전설에서 나오는 류싼제

민간전설에 따르면 류싼제는 당나라 때인 618년에 광시 뤄청(罗城)에서 출생하였다. 류싼제는 류씨의 셋째 딸이라는 뜻이다. 류싼제는 총명하고 아름다운데다가 뛰어난 민요가수였다고 한다.

17세 때 류싼제는 한 청년과 사랑에 빠졌다. 이 청년도 출중하고 노래에 뛰어났다고 한다. 그런데 마을의 악질 토호가 전부터 류싼제를 탐을 내다가 두 사람의 사랑을 보고 격분한다. 악질 토호는 결국 류싼제를 빼앗아 가지려는 계략을 꾸민다. 류싼제와 청년이 같이 있을 때 악질 토호는 사람을 보낸다. 도망갈 수 없는 상황에 처하자 류싼제는 청년과 함께 내세에서 다시 만날 약속을 하고 강물에 뛰어든다는 이야기다. 나중에 류싼제는 황제에 의해 '노래의 신선(歌仙)'으로 봉해지기도 한다.

류싼제 문화

류싼제는 오늘날 광시에서 전 영남 지역으로 보급되었다. 가요를 핵심으로 하는 류싼제 문화는 산가(山歌), 가무, 영화, 드라마, 야외공연 등으로 표현되고 있다. 중국에서 1961년과 1978년에 두 차례 영화화되었다. 2010년에는 광시 류저우 시위원회가 베이징 문화공사와 합작하여 TV 드라마로 제작하여 방영하기도 했다. 류싼제가 각종 매체와 장르의 소재로 활용된 것이다.

지방마다 이야기가 풍부하다

중국의 각 지방마다 이야기가 널려 있다. 역사가 길고 소수민족이 다양하고 지방이 많은 만큼 이야기가 풍부하다. 때로는 민간전설로, 때로는 역사책으로 전해진다. 어떨 때는 시와 소설로 전해진다. 장이머우와 같은 천재적인 감독이 이를 끄집어내어 중국 문화로 널리 유포하고 지역경제에도 이바지하는 것이다. 앞으로도 지방마다 앞다투어 이야기를 발굴하여 각종 브랜드나 마케팅에 활용할 것으로 예상된다.

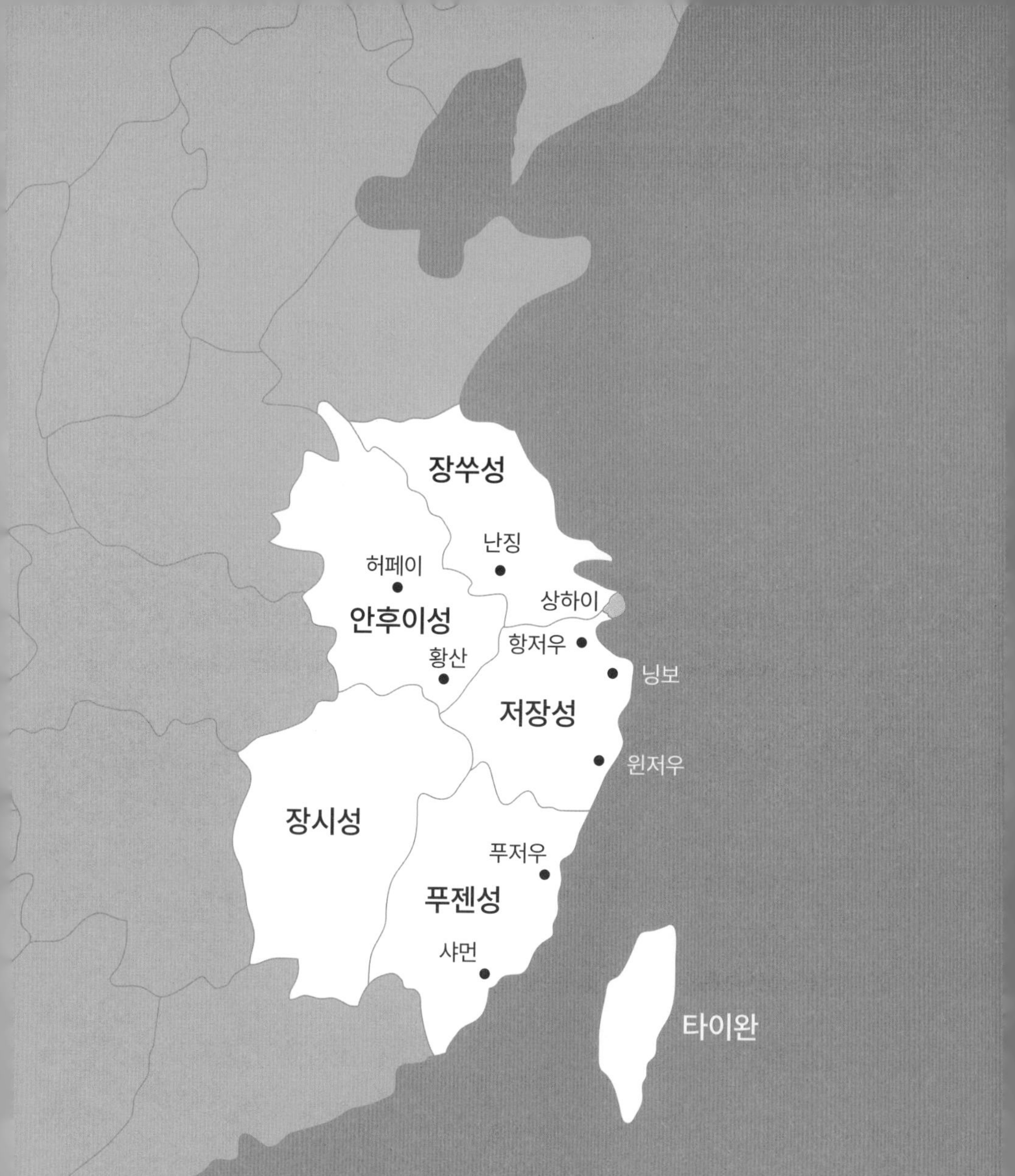

3부 화동 지역

상하이上海

상하이직할시上海直辖市

마펑워 10대 명소 : 와이탄外滩, 난징로보행가南京路步行街, 디즈니랜드上海迪士尼乐园, 동방명주탑东方明珠塔, 청황먀오老城隍庙旅游区, 톈쯔팡田子坊, 신톈디新天地, 쓰난로思南路, 중화예술궁中华艺术宫, 주자자오고진朱家角古镇

기차역 : 훙차오역(특등급), 상하이역(특등급), 상하이남역(특등급), 상하이서역(1등급)

공항 : 상하이 푸둥浦東국제공항, 상하이 훙차오虹桥국제공항

시내교통 : 주요 지역을 지나는 전철을 이용하면 편리하다. 가까운 지역은 디디추싱을 이용하면 편리하다.

스타벅스 커피 로스팅 공방

星巴克臻选咖啡烘焙工坊, Starbucks Reserve Roastery

중국은 스타벅스의 2대 시장 중 하나

중국은 미국 다음으로 스타벅스의 두 번째 시장이다. 또한 스타벅스가 세계에서 가장 빠르게 성장하는 시장이기도 하다. 상하이는 중국에서 스타벅스가 가장 많은 도시다. 중국 내 3천 개의 매장 가운데 600개가 상하이에 있다. 중국에서 스타벅스는 중고소득층 문화이거나 과시 소비를 상징한다. 중국 서민들에게 커피 한 잔 값인 25~35위안은 아직 적은 돈은 아니다.

실제 상하이는 중국 최고 소득 수준의 도시다. 중국에서 1인당 가처

분소득과 1인당 소비지출이 가장 높다. 물가와 숙박비도 남방도시에서 가장 비싸다.

세계 최대 규모의 스타벅스 매장

2017년 12월에 상하이에 문을 연 세계 최대 규모의 스타벅스 매장은 싱예타이구후이(兴业太古汇)점으로 명칭은 〈스타벅스 커피 로스팅 공방〉이다. 난징서로 전철역에서 내려 5번 출구나 1번 출구로 나가면 된다. 일요일 점심때라 벌써 수십 명이 매장 입구에서 기다리고 있다. 입구에서 직원이 열 명씩 나누어 입장시키고 있었다.

커피 제조 과정을 전시하는 매장

매장 안 입구 쪽부터 고객들로 붐빈다. 중앙에 2층 높이로 커피 제조 과정을 한눈에 볼 수 있게 설계한 점이 인상적이다. 자루에는 커피 원두가 그득 담겨 있다. 원두를 볶는 큰 기계가 가운데 있고 옆에는 볶은 원두를 가는 기계가 있다. 컨베이어 벨트를 타고 커피는 봉지에 담긴 뒤에 박스로 포장된다.

총면적이 2,700제곱미터여서 대단히 넓다. 1~2층에는 피자, 제과, 커피를 파는 판매대가 여럿 있다. 매장은 커피를 마시는 사람들로 꽉 차 있다. 스타벅스의 도시다운 분위기다.

허마셴성

盒马鲜生, Hemaxiansheng

허마셴성과 세븐프레시

신소매를 주도하는 기업은 허마셴성과 세븐프레시(7fresh)다. 징둥의 세븐프레시는 신선슈퍼마켓(生鲜超市)이라고도 한다. 세븐프레시는 베이징에만 있고 상하이에는 없다. 바이두를 검색한 결과 몇 개의 허마셴성이 상하이에 있다는 사실을 확인하였다. 그 가운데 난징서로에서 가장 가까운 허마셴성에 가보기로 했다.

가오더지도로 검색하니 전철을 이용하는 경로가 가장 가깝다. 13호선을 타고 여섯 정거장을 지나면 목적지에 도달한다. 전철 요금은 3위안이다. 상하이의 전철 요금도 거리에 따라 다르다.

하룻밤을 넘기면 팔지 않는다

허마셴성 매장의 입구로 들어가면 먼저 수산물 판매점이 보인다. 생선과 게, 가재, 조개 등이 수족관에서 살아 움직인다.

채소 판매대에는 싱싱한 채소가 가득하다. 배추 한 봉지를 집어 뒷면을 보니 산지로 저장 후저우시가 적혀 있다. 포장 날짜는 2018년 3월 19일 월요일이고, 출시 날짜는 화요일인 3월 20일이다. 비닐봉지 앞면에 "星期二 不卖隔夜菜"란 문구가 있다. '하룻밤을 넘기면 팔지 않는다'는 뜻이다. "盒马菜 日日鲜"이란 노란색 문구도 있다. 허마 채소는 '늘 신선하다'는 뜻이다. 이런 문구가 없다 해도 출시 날짜가 어제나 최근이다.

주문 후 빠르면 30분 내에 고객에게 배달

과일, 육류, 가금류, 와인과 그 밖의 주류, 유제품, 음료, 냉동식품, 양곡, 식용유, 해산물 가공제품, 스낵, 조미료, 인스턴트식품 등의 판매대도 보인다. 일반 슈퍼에서 판매하는 식품들이 모두 구비되어 있다.

하늘색 복장을 한 종업원은 번호가 붙은 가방에 고객이 모바일로 주문한 식품을 바쁘게 담고 있다. 한 가방을 보니 X000200이라는 번호와 바코드가 있다. 이런 종업원이 상당히 많다. 종업원이 식품을 담은 가방을 천장에서 움직이는 컨베이어 벨트에 걸어두면 가방은 포장과 배달을 하는 룸으로 이동한다. 포장된 식품은 배달원이 신속하게 배달한다. 허마셴성에서 반경 3킬로미터 이내로 고객의 주문을 받는다. 보통 주문한 후 빠르면 30분 내에 고객에게 배달되어 신선도가 유지되는 것이다. 배달료는 전혀 없다.

유기식품, 녹색식품, 무공해 농산품만 취급

출구에는 "三品一标(삼품일표)"를 강조하는 홍보물이 있다. 허마셴성은 세 가지 식품으로 유기식품, 녹색식품, 무공해 농산품만 취급한다는 것이다. '농산품 지역 표기'라는 문구도 있다. 식품 품질과 관련한 특징은 자연, 생태 환경과 역사, 인문 요인에 의해 결정되기 때문에 지역 표기는 중요하다. 신선한 제품만 판매하고 신속히 배달함으로써 고객을 안심시킨다는 것이다. 허마셴성이 많은 고객을 끌어들이고 성공하는 이유가 여기에 있다.

출구 쪽에 허취팡(盒区房)이란 홍보물도 보인다. 허취팡은 최근 신조어이기도 하다. 허취팡이란 허마셴성이 배달가능한 범위에 있는 거주지를 말한다. 빠르면 30분 내에 신선한 식품을 배달받을 수 있는 구역이다.

음식점도 많이 보인다. 이키나리 스테이크(Ikinari Steak), 하이셴바(海鲜吧) 등의 일본 요리 음식점, 동남아 요리 음식점 등이 보인다. 허마셴성과 계약하여 입주한 것으로 보인다. 허마셴성이 슈퍼마켓 개념에 국한하지 않고 신선한 음식을 파는 식당 기능도 갖춘 것이다. 일본 음식점에서 허마 앱으로 36위안을 결제하여 스시 도시락을 샀다. 허마셴성의 명성을 믿으니 안심하고 먹을 수 있었다. 실제로 신선도가 높았다.

쉬운 절차와 쉬운 결제

“easy process”와 “easy pay”라는 영어 글귀가 벽면 곳곳에 보인다. 허마 앱을 깔면 주문하거나 구입하는 것이 아주 쉽다. 실제로 허마 앱에서 몇 단계를 거치지 않고 금방 주문할 수 있다. 허마 앱을 통하면 바로 결제할 수 있고, 출구에서 위챗페이나 알리페이로 결제할 수도 있다.

닝보의 허마셴성

닝보에도 세 개의 점포가 있다. 용강점은 닝보의 라오와이탄(老外滩)에서 디디추싱의 콰이처(快车)로 11위안의 거리에 있다. 상하이 허마셴성 매장보다 조금 더 크다. 매장의 기본 배치는 상하이 매장과 큰 차이가 없다.

다만 상하이 매장에 없는 식당도 많다. 차오산 음식점, 이탈리아 음식점, 신장 음식점, 마라 음식점 등이 있다. 큰 호텔에서 직영으로 하는 음식점도 보인다. 메이롱전호텔이 운영하는 음식점과 스푸호텔이 운영하는 음식점 등이 있다. 제빵, 칭찬(轻餐), 음료, 간식 등을 파는 오원(O'one)도 상하이 매장에서는 보이지 않던 점포다. 이탈리아 음식점에서 26위안짜리 스파게티를 주문했다. 결제는 허마 앱을 통하여 알리

페이로 하였다.

닝보 매장도 고객이 적지 않다. 한 종업원에게 허마셴성의 성공 여부에 대해 물어보니 자신 있게 허마셴성이 성공했다고 평가한다. 중고소득층 사이에 신선식품에 대한 수요가 크다. 신뢰할 수 있는 신선식품을 판매하고 신속하게 배달한다는 발상은 대성공을 거둔 것으로 보인다.

톈쯔팡

田子坊, Tianzifang

마펑워에서 인기순위 1위인 톈쯔팡으로 향했다. 톈쯔팡은 소상인들의 창의지구로 성공한 것으로 평가될 뿐만 아니라 근대 남방의 건축 양식이 보존된 점에서 흥미롭다.

차량 공유 서비스

상하이에서는 가오더지도에서 차량 공유 서비스를 신청하니 두 개의 회사가 뜬다. 하나는 쇼우치(首汽)의 웨처(约车)이며 예상금액은 30위안이다. 다른 하나는 디디추싱의 콰이처다. 예상금액은 25위안이다. 먼저 가격이 저렴한 디디추싱을 선택했다. 2~3분 지나니 디디추싱의 공유차량 하나가 "오겠다"는 신호를 보낸다. 디디추싱은 공유차량과 고객의 거리와 도달 시간, 차량의 색상, 번호, 기사의 성씨도 알려준다. 5분 후 디디추싱의 콰이처가 도착했다. 콰이처 기사에 따르면 거리가 멀수록 쇼우치가 디디추싱보다 비싸다고 한다. 톈쯔팡에 하차한 후에 모바일로 요금을 승인하기만 하면 된다.

소비자의 스마트한 선택

톈쯔팡으로 가는 차 안에서 씨트립으로 오늘 묵을 숙소를 예약했다.

씨트립 본사는 상하이에 있다. 여행 플랫폼인 씨트립은 16여만 개의 숙소 데이터베이스를 구축하고 있다. 씨트립에서 호텔로 들어가 보자. 상하이로 들어가서 조건을 입력하면 그에 맞는 호텔이 나온다.

호텔마다 소비자의 평가점수 평균과 논평이 있다. 평가점수에 따라 세 등급인 최고 좋음, 아주 좋음, 평가 없음이 있다. 또 숙박한 소감을 적은 평도 있다. 소비자들은 숙소의 위치, 가격, 평가점수, 평 등을 참고해서 스마트한 선택을 할 수 있다. 음식 주문 플랫폼인 메이퇀와이마이에도 각 가맹 음식점에 대한 소비자 평가가 있다.

이처럼 4차 산업혁명은 소비자에게 다양한 정보를 준다. 소비자의 평가를 고려하는 방향으로 시스템을 구축하여 소비자가 스마트한 선택을 하도록 돕는다.

석고문

톈쯔팡이 있는 타이캉(泰康)로 입구부터 각종 상점이 있다. 대부분 수공업으로 만든 제품으로 보인다. 라이브하우스도 보인다. 상점의 2~3층은 주거지다. 3층 아파트의 1층에 있는 입구 문에 "3번문"이라는 글자가 새겨져 있다.

톈쯔팡에는 석고문(石库门)이라는 집이 많이 남아 있다. 문틀은 단단한 돌로 만들고 문짝은 새까맣고 두꺼운 나무로 만든 집을 석고문이라 하다. 석고문은 청말 태평천국 전쟁 때부터 유래되었다. 문만 닫으면 외부 침입을 방어하기 쉽다. 중국의 부유층이 자신들을 보호할 주거 양식을 생각하면서 고안한 것이 석고문이다. 서방식 건축과 중국식 건축의 혼합이다.

수공업자와 소상인

텐쯔팡에는 백 년 이상 될 것 같은 낡은 단독건물이 다닥다닥 붙어 있다. 2, 3층 건물이며 대체로 석고문 양식이다. 창고같이 지은 벽돌 건물 1층에는 각종 상점이 자리 잡고 있다. 전지 가게, 금석 공방, 피혁제품 가게, 나무 수공품점 등이 보인다. 2층에는 소규모 수공업 공장이 있는 형태다. 텐쯔팡의 상점은 1층에는 소상점이, 2층에는 소상점에서 판매하는 수제품을 만드는 소규모 공장이 소재하는 형태가 많다. 관광객을 위한 수제 훈툰(馄饨) 음식점이나 소규모 바도 보인다.

1번문으로 나와서 타이캉로를 걸어가니 2번문도 보인다. 2번문으로 들어가니 전통의상을 파는 치파오(旗袍) 가게도 있다. 대부분 수공업으로 하는 소상점이다. 수공업자와 소상인의 창의지구라 할 수 있다. 골

목으로 들어가니 중국 공예미술 분야의 명사인 샤허우먼(夏侯门)의 작업실인 샤허우먼 청자예술관도 보인다. 중국에서 유명한 공예 전문가도 입점하고 있음을 알 수 있다.

상하이에서 마펑워 인기순위 1위

15번 건축물에 대한 설명도 흥미롭다. 1929년 건립된 3층짜리 석고문이라는 설명이 있다. 당시 3층 석고문은 드물었다는 설명이다. 소규모 수공업자만 있는 것도 아니다. 배니싱 크림으로 유명한 연쇄점인 상하이여인(上海女人)도 보인다. 관광객을 대상으로 톈쯔팡에 입점한 연쇄점이다.

톈쯔팡의 낡은 근대 건축물은 수많은 상점과 술집, 식당 등으로 개조되었다. 평일 저녁인데도 사람들로 발 디딜 틈이 없다. 서양 사람도 많이 보인다. 한국어를 하는 젊은 여성도 많다. 마펑워에서 인기순위 1위라 할만하다.

상하이 10대 창의산업 클러스터

톈쯔팡은 상하이 특유의 석고문이 잘 보존된 장소다. 이런 장소를 1998년부터 상하이시가 개발하였다. 지금은 상하이에서 가장 영향력 있는 10대 창의산업 클러스터의 하나로 비약적으로 발전하였다. 어떤 중국인들은 제2의 신톈디(新天地)라 하지만 신톈디와 차이점도 많다.

톈쯔팡에서 돋보이는 점은 근대 건축물을 잘 활용한 창의지구라는 점이다. 상하이에는 근대와 근대 이전 건축물을 활용하여 성공한 관광지구가 많다. 청황먀오(城隍庙) 관광지구가 대표적인 성공 사례다. 청황먀오나 위위안 인근에는 식당, 기념품 판매점, 술집, 금은방 등으로 꽉 차 있다. 근대와 근대 이전 건축물을 활용해서 엄청난 수의 상인들에게 삶의 터전을 제공하는 정책이 돋보인다.

소상인의 임대료 부담은?

다만 톈쯔팡 같은 도시재생지구의 변질 문제는 좀 더 검토해야 한다. 베이징의 798예술구의 경우 초창기에 가난한 예술가들이 모여서 창작활동을 하는 지역이었다. 하지만 후에 건물의 임대료가 상승하면서 가난한 예술가들은 쫓겨날 수밖에 없는 젠트리피케이션이 문제가 되었다.

톈쯔팡도 일찍이 1998년부터 개발되기 시작했다. 벌써 20년의 세월이 흘렀다. 그동안 상하이의 집값이나 임대료가 얼마나 상승하였는가? 더욱이 톈쯔팡이 위치하는 지역은 상하이의 중심지구다. 톈쯔팡은 갈수록 관광객이 늘어나는 핫플레이스다. 톈쯔팡의 임대료가 급등했으리라는 점은 쉽게 추측할 수 있다. 이런 상황에서 입주한 소상인이나 수공업자의 임대료 부담은 더욱 커지지 않았을까?

이뎬뎬

一點點, Yidiandian

참신한 메뉴판

상하이 톈쯔팡의 주요 도로인 타이캉로에는 밀크티 전문점인 이뎬뎬이 보인다. 이뎬뎬은 다른 남방도시에도 많아서 남방의 더운 날씨에

저렴한 비용으로 갈증을 풀기 좋은 곳이다. 이뎬뎬은 이름이 독특하여 기억하기 쉽다.

톈쯔팡의 이뎬뎬은 테이크아웃만 가능하다. 공간을 줄임으로써 원가를 절감하였다. 벽에 걸린 메뉴부터 다른

밀크티 전문점과는 달리 독특하다. 크게 네 가지로 분류하여 좋아하는 차 찾기(找好茶), 좋아하는 밀크티 찾기(找奶茶), 좋아하는 입맛 찾기(找口感), 신선한 음료 찾기(找新鲜)가 있다. 다른 도시의 이뎬뎬은 여기에 점장 추천(店长推荐)과 홍차 라테(红茶拿铁)를 추가하기도 한다.

다양한 종류의 신차

'좋아하는 차 찾기'에는 자스민 녹차와 아이스크림 홍차 등이, '좋아하는 밀크티 찾기'에는 우롱 밀크티, 우롱 마키아토, 홍차 마키아토와 홍차 라테 등이, '좋아하는 입맛 찾기'에는 버블티 등이, '신선한 음료 찾기'에는 레몬주스와 꿀차 등이 있다. 저렴한 가격으로 선택할 수 있는 차와 음료 종류가 많다.

다양한 당도와 얼음양

카운터 쪽 벽에는 당도와 온도에서 다양한 레벨을 보여주는 표가 있다. 설탕 비율의 경우 0, 30, 50, 70, 90, 100%로 여섯 가지 중에서 선

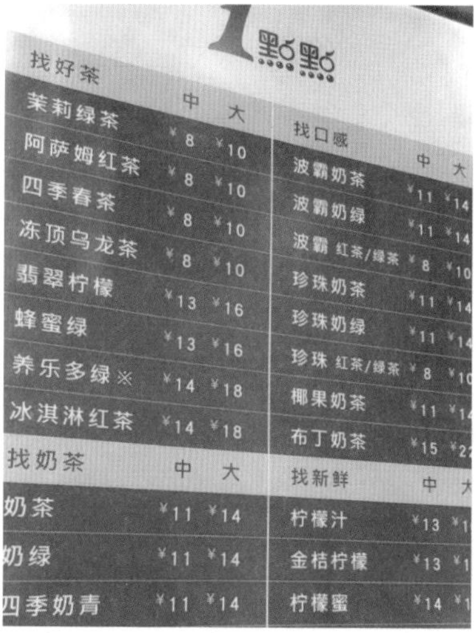

택할 수 있었다. 얼음양의 경우도 얼음 보통, 적은 얼음, 얼음 없음, 상온, 따뜻함, 뜨거움 여섯 가지가 있다. 고객이 기호에 따라 다양하게 주문할 수 있다.

이뎬뎬은 1994년에 창업한 타이완의 밀크티 업체 50란(50岚)에서 시작되었다. 2010년 상하이를 기점으로 대륙에 본격 진출했다. 하지만 중국에 동일한 브랜드 명칭이 이미 등록되어 있어서 브랜드 명칭을 이뎬뎬으로 변경하였다. 타이완 업체라서 그런지 브랜드 명칭도 간체자인 一点点이 아닌 번체자인 一點點을 사용한다. 2015년부터 매달 20개씩 매장이 늘어날 정도로 급성장하였다고 한다.

새로운 차에 대한 수요 폭발

이뎬뎬이 최근 몇 년 간 급속히 성장한 배경에는 중국인들이 소득 수준이 높아지면서 새로운 차를 마시려는 수요가 늘어났기 때문이다. 1990년대 초중반에 베이징에는 차관이 꽤 보였다. 차관은 차를 마시는 전통적인 장소다. 하지만 지금은 차관을 찾기 쉽지 않다.

이제 소비자의 취향에 맞게 다양한 차를 개발해야만 성공하는 시대다. 우유나 유제품의 소비가 계속 늘어나는 추세는 〈중국통계연감(中国统计年鉴)〉에서도 확인된다. 그에 따라 차에 우유 제품을 혼합한 밀크티 종류의 소비가 늘어나는 것은 자연스럽다.

높은 가성비

이뎬뎬의 경영 전략도 눈여겨봐야 한다. 앞에서 말한 것처럼 메뉴가 참신하다. 가격 전략도 경쟁력이 있다. 코코(Coco)와 콰이러닝멍(快乐柠檬), 시차(喜茶) 등도 남방도시에서 많이 보이는 밀크티 전문점이다. 그 밖에 롄놘추차(恋暖初茶)와 차자(茶家)도 남방도시에서 볼 수 있다. 이들 티 전문점과 이뎬뎬의 가격을 비교해보자.

밀크티 가격을 저렴한 순서로 나열하면, 코코는 11.2위안, 콰이러닝멍은 12.4위안, 이뎬뎬은 12.6위안, 차자는 15.6위안, 렌놘추차는 18.6위안, 시차는 20.9위안이다. 이뎬뎬의 가격대는 코코와 콰이러닝멍과 별 차이가 없다. 하지만 맛은 더욱 좋다는 것이 이뎬뎬 측의 주장이다. 20위안을 넘는 시차와 비교해서도 가격이 훨씬 저렴하다. 이뎬뎬이 치중하는 목표시장은 고급화하는 신흥 중산계급 소비자다.

폭발적으로 늘어나는 새로운 차 전문점

타이캉로 건너에는 고급스러워 보이는 시차가 보인다. 가격대가 높다. 앉아서 마실 수 있는 좌석도 많다. 여기도 많은 사람이 줄을 서 있다. 그 옆에는 스타벅스가 있다. 커피 마시기에는 부담되는 저녁 시간대라서 그런지 스타벅스에는 손님이 많이 보이지 않는다. 아직 중국에서 각종 차에 대한 수요가 커피보다 훨씬 큰 것 같다.

2010년대에 중국에 진출하거나 창업한 새로운 차 전문업체가 많다. 덥지만 소득 수준이 높은 남방도시에는 이런 새로운 차 매장이 많이 보인다. 시차 또한 2012년에 창업한 업체다.

그 밖에도 컴바이, 궁차, 러차, 황차, 위안차(愿茶)도 남방도시에서 볼 수 있는 브랜드다. 위안차는 2016년에 홍콩에서 창업한 로열티(Royaltea) 그룹의 브랜드다. 이 그룹은 창업하자 곧바로 광저우 등 남방도시에 진출하였다.

저장 닝보宁波

저장성浙江省 **닝보시**宁波市

소개 : 부성급시

마펑워 5대 명소 : 톈이거天一阁, 라오와이탄宁波老外滩, 시커우쉐더우산溪口·雪窦山风景名胜区, 둥첸호东钱湖, 웨호月湖

기차역 : 닝보역(1등급), 위야오余姚북역

공항 : 닝보 리서栎社국제공항

시내교통 : 전철(2개 노선)이 편리하다.

닝보는 상하이에서 두 시간 거리다. 고속철(G) 요금은 144위안이다. 기차 창문 밖으로 보이는 농촌 주택의 외관으로 보아 남방의 어떤 농촌보다 여유 있다는 느낌을 준다. 저장은 개혁개방 이후 일찍부터 농촌에서 향진기업을 운영하여 소득 수준을 높인 것으로 유명하다.

자싱역, 위항역, 항저우동역, 위야오북역을 경유해서 닝보역에 도착했다. 닝보역은 고속둥처와 둥처뿐만 아니라 정저우로 가는 터콰이(T)도 보인다. 터콰이는 둥처보다 느린 등급의 기차다. 마펑워 앱에서 닝보역의 기차 시간표를 검색해보면 란저우, 난창, 시안 등으로 가는 콰이쑤(K)도 있다. 콰이쑤는 속도 면에서 터콰이 아래 등급이다.

닝보역에 내려서 마펑워 앱에서 호텔을 검색하였다. 오늘 목적지인 청황먀오(城隍庙) 인근에 저렴한 루자콰이제호텔을 찾았다. 141위안에 세금 18위안을 포함해서 169위안이었다. 경제형 호텔이면서 연쇄점이다. 상하이에 비하면 닝보의 호텔 비용은 저렴하다. 어제 묵었던 상하이의 칭서가이넨호텔은 고급 호텔이었다. 상하이의 부동산 가격이 워낙 비싸기 때문에 창문이 없는 방임에도 불구하고 무려 265위안이었다.

상하이의 그늘에 가린 도시

닝보는 부성급시다. 바이두백과에 따르면 1994년 지정된 부성급시로는 광저우, 선전, 난징, 우한, 선양, 시안, 청두, 지난, 항저우, 하얼빈, 창춘, 다롄, 칭다오, 샤먼, 닝보가 있다. 부성급시는 성급 행정구가 관할하며 부성급시의 시장은 부성장과 행정상 동급이다.

부성급시 가운데 선전, 칭다오, 다롄, 샤먼, 닝보를 제외하고 모두 성도다. 닝보를 포함한 선전, 칭다오, 다롄, 샤먼은 국가사회경제발전단열시다. 줄여서 계획단열시라고도 한다. 계획단열시는 1980년대에 지정되었으며, 성정부와 중앙정부의 관리를 받는 도시다.

세계 4대 항구도시

세계 4대 항구도시라 할 정도로 닝보는 항만산업이 발달하였다. 역사적으로도 닝보는 고대 해양 실크로드에서 동방의 시발점이기도 하다. 2017년 현재 인구도 8백만 5천 명일 정도로 큰 도시다. 더욱이 근대 이전에는 상하이보다 비중이 더 중요한 도시였다.

현대에 접어들면서 급속히 성장했던 상하이의 그늘에 가리면서 그 명성이 약화되었다. 닝보는 현재 대구의 자매도시다. 부산의 자매도시는 상하이다. 하지만 상하이가 부산을 저만치 아래로 보고 있는 현실이므로 부산은 닝보와도 교류를 적극적으로 추진하고 있다.

싼장커우

三江口, Sanjiangkou

닝보는 고대부터 도시로 발전할 수밖에 없는 자연적 조건을 갖추고 있다. 충칭이나 우저우처럼 두 강이 만나서 하나로 합쳐지는 지점이 닝보의 중심이다. 가오더지도의 목적지는 우선 라오와이탄(老外滩)으로 입력했다. 지도의 내비게이션을 따라가니 먼저 신강교(新江桥) 입구가 보인다. 신강교는 위야오(余姚)강에 있는 다리다. 위야오강은 바로 옆에 있는 펑화(奉化)강과 만나서 용강으로 흘러간다. 닝보의 약칭인 용은 용강과 연관되어 있음을 알 수 있다. 세 강의 중간이 싼장커우(三江口)다. 세 강의 입구라는 뜻이다.

멀리 보이는 아름다운 다리는 용강대교다. 가까이에 있는 펑화강 위의 다리는 장샤교(江厦桥)다. 세 개의 다리가 삼각을 형성하고 있는 안쪽이 싼장커우다. 신강교 입구에서 다리 아래로 내려가는 계단이 있다. 다리 아래에는 낮인데도 불구하고 수많은 젊은 남녀가 음악에 맞추어 춤을 추고 있다. 사시사철 춥지 않은 남방에서 흔히 볼 수 있는 풍경이다.

싼장커우의 강가 쪽으로 가보았다. 큰 돌로 만든 기념비가 보인다. 기념비에 적힌 글귀를 보니 "海上茶路发航地"라고 적혀 있다. '해상 차 항로 출발지'라는 것은 닝보가 해양 실크로드의 동방 시발점임을 알려준다. 닝보는 당대에 중국 4대 항구 가운데 하나이며 이때부터 일본 등 동쪽 나라로 가는 시발점이었다. 남송 시기에는 중국 3대 항구 가운데 하나가 된다. 청나라 때 쇄국정책을 취할 때도 닝보는 일본, 동남아와 무역을 유지했다.

라오와이탄

老外滩, Laowaitan

신강교를 건너가면 오래된 천주교 성당이 보이고 바로 라오와이탄이 나온다. 라오와이탄은 싼장커우의 북쪽 강인 용강 가에 위치한다. 라오와이탄은 닝보 고성으로 들어가는 입구이기도 하다. 아편전쟁 후 1842년에 청 정부가 난징조약에서 다섯 통상항구를 개방하기로 했는데 그중 하나가 닝보다.

바이두백과에 따르면 영국, 프랑스, 미국의 상인이 늘어나면서 북쪽

강변은 3국 교민의 거주지역이 된다. 이 지역은 중국 최초의 조계 가운데 하나가 되었으며 이때부터 와이탄이라 불렸다. 부두개방의 역사는 상하이 와이탄보다 20년 앞선 것이다. 이후 상하이 통관이 번성하면서 닝보 통관의 지위는 상대적으로 약화됐다.

슬픈 역사에서 화려한 관광지로 변모

라오와이탄으로 들어가니 커피숍, 술집 등이 즐비하다. 밤에 술도 마시고 무대에서 무명가수가 노래도 하는 라이브 술집도 많다. 술집마다 아름다운 조명을 비춘다. 외국인도 많이 보인다.

비가 오는 용강의 풍경이 무척 운치가 있다. 강변에 있는 스타벅스에서 커피 한 잔을 하고 나오니 라오와이탄의 아름다운 야경이 펼쳐진다. 용강대교의 밤 조명이 아름답다. 이 대교도 부산의 광안대교처럼 도시를 상징하는 대교다.

닝보 라오와이탄은 상하이의 신톈디나 항저우의 신시(新西)호 같은 분위기를 연상시킨다. 마펑워를 검색해도 닝보에서 언제나 인기순위에 드는 핫플레이스다. 중국 조계의 슬픈 역사가 이제는 화려한 관광지로 변모했다.

톈이거-웨호 관광지구

天一阁, Tianyi Pavilion-月湖, Moon Lake

세계에서 가장 오래된 가족 도서관

톈이거에 대한 수식어는 많다. 마펑워에는 중국에서 현존하는 가장 오래된 사설 장서각으로 나온다. 아시아에서 가장 오래된 도서관이기도 하다. 아울러 세계에서 가장 오래된 3대 가족 도서관 가운데 하나다. 닝보 기차역에서 얼마 떨어지지 않은 시내에 위치한다.

웨호

톈이거 바로 옆에는 웨호가 있다. 웨호는 닝보의 중세와 고대의 역사가 담긴 중요한 호수다. 마펑워에서 톈이거와 웨호는 모두 닝보의 5대 핫플레이스에 속하는 것으로 보아 닝보의 중요한 관광지임이 분명하다.

톈이거의 정문 쪽으로 가자 톈이거-웨호 관광지구에 대한 상세한 설명을 담은 안내 표지판이 보인다. 이 안내판의 설명에 따르면 웨호는 당대 정관 627~649년에 처음 개착되었고, 태화 7년(833년)에 형성된 호수이다. 북송의 명신인 왕안스(王安石)가 1047년에 부임하면서 웨호는 저둥 학술의 중심이 되는 맹아가 형성되었다.

북송 때인 1086~1094년에 주의 장관인 류수(刘淑)와 류청(刘程)이 연이어 토목공사를 하여 현재의 10주(洲) 명승을 형성하였다고 한다. 북송 1117년에는 당시 밍저우 태수가 웨호의 한쪽에 고려사신의 영빈관인 고려사관을 건립하였다. 밍저우는 닝보의 옛 이름이다. 이로써 웨호는 해양 실크로드의 빛나는 보배가 되었다는 흥미로운 설명도 있

다. 웨호 서쪽에 위치한 톈이거는 명조 중기인 1561~1566년에 당시 병부우시랑을 은퇴한 판친(范钦)이 건립한 것이었다.

톈이츠

고서적이 30만 권 가까이 된다는 톈이거를 먼저 관람하였다. 건물 앞에는 톈이츠(天一池)라는 못이 보인다. 이는 도서관에 가장 위험한 화재를 진화하기 위한 목적이라고 한다. 톈이거는 각 건물이 긴 복도로 서로 잘 연결된 구조다.

열 개의 모래섬

톈이거에서 나오자 웨호가 나타난다. 유람선 부두가 보인다. 웨호는 10주, 즉 '열 개의 모래섬'으로 유명하다. 호수 동쪽에 주위(竹屿), 웨다오(月岛), 쥐화저우(菊花洲), 호수 가운데에는 화위(花屿), 주저우(竹洲), 류팅(柳汀), 팡차오저우(芳草洲), 호수 서쪽에는 인위(烟屿), 쉐팅(雪汀), 푸룽저우(芙蓉洲)가 있다. 각 모래섬에는 누각, 저택, 사당 등이 여기저기 보인다.

고려사관 유적지

高丽使馆遗址, Gaoli Embassy Relic Site

웨호 동편에는 "高丽使馆遗址(고려사관유적지)"라는 글자가 흐릿하게 새겨진 돌이 보인다. 고려시대 사신을 맞이하던 곳이다. 돌에 새겨진 관리 단위는 하이수구다. 고려사관은 시급 유적지보다 급이 아래인 구급 유적지다.

고려 사신을 맞이한 때는 북송 초기 희녕(熙宁) 7년(1074년)까지 거슬러 올라간다. 북송 정화(政和) 7년(1117년)에는 당시 밍저우 태수 루이펑(楼异奉)이 휘종(徽宗) 황제의 명을 받아 고려사를 설치하였다. 고려사는 고려

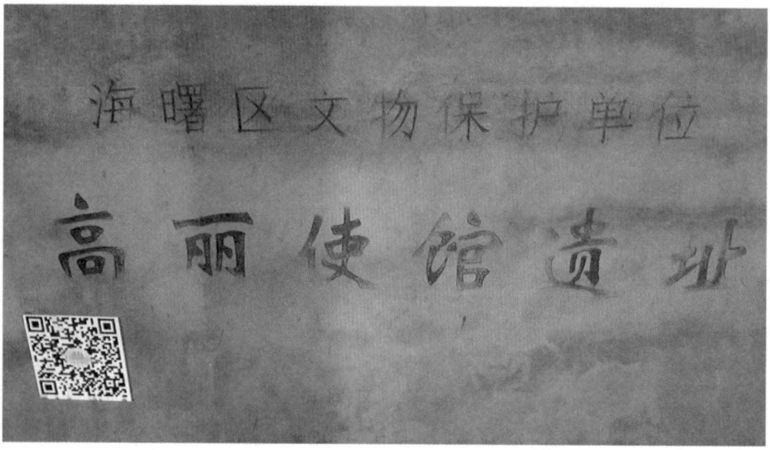

왕래와 관련한 정무를 맡아보는 곳이다. 이때 건립된 고려사관은 당시 고려사신이 묵었던 국가급 영빈관인 셈이다.

고려사관은 닝보에서 출발하는 해양 실크로드가 번성했다는 것을 보여주는 중요한 문화유적지라는 것이 중국의 시각이다. 당시 고려는 매년 조공을 가져오는 사신을 보냈다는 것이다. 북송 말기에 고려와의 교류는 정점에 달했다. 북방전쟁에 따른 교통 두절 때문에 한때 닝보는 사신이 왕래하고 무역하는 유일한 합법적인 항구였던 셈이다.

고려와의 교류 창구였던 닝보

고려사관은 지금 한반도와 닝보 간의 교류사를 전시하는 공간으로 사용되고 있다. 고려청자의 모델이었던 밍저우 자기 역시 닝보 지역 특산품이었다고 한다. 지금도 닝보에서는 외국인에게 밍저우 자기를 선물로 주곤 한다. 아울러 고려사관 전시물에 따르면 통일신라 시기부터 닝보는 한반도와 교역을 했다. 이러한 이유 때문인지 현지인 말로는 닝보에는 더러 김씨 성을 가진 중국인들이 있다고 한다.

〈표해록〉을 쓴 최부가 표류해 도착한 곳도 닝보였다. 조선 성종 18

년(1487년) 제주 관리였던 최부가 부친의 부음을 듣고 나주로 가던 중 제주도 앞바다에서 표류하다가 도착한 곳이 닝보였던 것이다.

고대에 한국과 교류를 보여주는 저우산의 심청설화

닝보가 한반도와 교류가 빈번했다고 볼 근거는 많다. 닝보 인근에 저우산이라는 도시가 있다. 섬으로 이루어진 도시다. 저우산은 한때 닝보의 일부였다. 한국의 심청전(沈淸傳)과 중국 저우산의 심청설화의 유사성은 닝보가 한반도와 교류가 많았다는 단적인 증거다. 중국에서는 저우산의 심청설화가 한국으로 건너가 심청전이 되었다고 주장한다. 중국 심청설화는 다음과 같다.

한국 곡성의 위안량(元良)이라는 맹인이 훙좡(洪庄)이라는 딸과 같이 살았다. 이 맹인은 눈을 뜨기 위해서 딸을 한 절에 시주하게 된다. 나중에 이 절은 훙좡을 저장 동부의 대상인 선궈궁(沈国公)의 처로 팔게 된다. 선궈궁의 부인이 된 후 훙좡은 심청으로 개명한다. 행복해졌지만 심청은 아버지를 잊지 못하고 569존관음등불상을 백제로 보내어 결국 아버지의 눈을 뜨게 한다는 내용이다. 한국의 심청전과 아주 유사하다.

실제 저우산시에 심청설화가 내려오고 있고 심씨들이 많이 살고 있고 그들이 사는 앞바다를 인당수라고 한다는 것이다. 최근 이 도시에는 심청원이라는 심청사당도 건립했다. 저우산은 전남 곡성군과 우호적인 교류 관계를 맺고 있다. 한국과 중국이 고대부터 빈번하게 교류해 왔고 그 중심에 닝보가 있다는 사실을 알 수 있다.

저장 원저우温州

저장성浙江省 **원저우시**温州市

소개 : 지급시

마펑워 3대 명소 : 옌당산雁荡山, 난지섬南麂岛, 난시강楠溪江

기차역 : 원저우역(1등급), 원저우남역(1등급)

공항 : 원저우 룽완龙湾국제공항

시내교통 : 궤도교통이나 버스가 편리하다.

닝보에서 원저우남역으로 가는 고속둥처표를 12306 앱에서 모바일로 결제했다. 가격은 96위안이었다. 지난시에서 출발한 고속둥처를 닝보역에서 승차하였다. 고속둥처는 타이저우시에 접어들어 먼저 싼먼현역에 정차했다. 싼먼현은 타이저우시가 관할하는 현이다. 다음 역은 타이저우역이고, 그 다음 역은 원링역이다. 원링은 타이저우시가 관할하는 현급시다. 원링을 경유하여 한 시간 55분 걸려 원저우남역에 드디어 도착했다.

2천여 년의 역사를 가진 도시

시내로 들어가면서 바이두백과를 검색하였다. 원저우는 지급시다. 중국에서 1급 행정구는 성과 자치구다. 2급 행정구는 지급 행정구다. 3급 행정구는 현급 행정구다. 지급시는 2급 행정구다.

원저우는 오우(瓯)강 하류 남쪽에 위치한다. 이런 연유로 원저우의 약칭은 오우다. 원저우는 2천여 년의 역사를 가진 도시로 국가역사문화도시로 지정되었다. 중국에서 국가역사문화도시는 2017년 현재 총 133개에 이른다. 2016년 현재 상주인구는 917만 5천 명이다. 원저우는 중국에서 개혁개방이 가장 빠르게 진행한 지역이다. 또한 중국에서 민영경제가 가장 발달한 도시이기도 하다.

중국의 도시는 역사문화거리를 조성하여 상업적으로 활용하는 전략을 취한다. 전통거리의 역사, 문화와 지방민속이 이야기를 제공하여 경기 활성화에 기여한다. 국가역사문화도시에는 이런 역사문화재와 이야기가 많다.

우마가

五马步行街, Five Horses Street

원저우의 우마가는 마펑워 앱의 쇼핑 분야에서도 핫플레이스다. "어제(2018년 3월 22일) 인기 2위"라고 되어 있다. 원저우에서 가장 유명한 상업가라는 설명도 있다. 하단에 거리가 현 위치에서 1.5킬로미터라고 나온다. 멀지 않다. 그 밑에 96명의 댓글이 있다. 그중에 하나는 다음과 같다. "현지 스낵을 맛보기 위해서 갔는데 실제 현지 음식이 많았다. 나는 또 우마 보행가를 걷는 것이 좋았다. 아침 식사로 눠미판(糯米饭)과 셴더우장(咸豆浆)을 추천한다." 마펑워 앱의 평가가 좋다. 거리도 가깝다. 가보기로 했다.

원저우 방언

걷기에는 먼 거리라서 시내버스를 이용하기 위해 마펑워 앱 상단의 궁자오(公交)를 클릭하였다. 시내버스를 이용한 몇 개의 노선 중에서 시간에 적게 걸리는 노선을 선택했다. 가오더지도는 최종 목적지에 도착할

때까지 친절하게 안내한다. 중국의 시내버스는 아직 유일하게 모바일 결제방식이 도입되지 않았다. 시내버스 기사는 거스름돈을 돌려주지 않기 때문에 평소 1위안짜리를 많이 준비하는 것이 필요하다.

시내버스에서는 광둥처럼 표준어로 안내하고 다음에 방언으로 지명을 간단하게 안내한다. 중국의 7대 방언 가운데 하나인 우(吳)어에 속하는 원저우 방언은 중국에서 가장 알아듣기 힘든 말이기 때문이다.

1868년 설립한 토종 중약 판매 기업

우마가 입구 쪽에 "1868년 라오샹산(老香山)"이라는 간판이 붙은 청말 서양식 건물이 보인다. 이 약국은 청대 동치(同治) 7년에 약재상 이씨가 창업한 원저우 토종기업이다. 1956년에는 공사 합영 형태로 전환하였으며 현재는 국유기업이다. 150년의 역사를 가진 저장 남부 지역의 유명한 중약 판매 기업이다. 실내로 들어가니 3층에서는 중의사가 진료도 한다는 안내표지가 있다. 라오샹산으로 보건대 우리가 모르는 지방 토종기업이 많다는 사실을 다시 한 번 더 확인할 수 있다.

우마가의 유래

좀 더 들어가니 안내표지판이 있다. 우마란 명칭은 동진 시대 태수 왕시즈(王羲之)가 다섯 마리의 말을 타고 부임하였다는 데서 유래한다. 처음에는 우마팡(五马坊)으로 불리다가 청말에 현재의 우마가가 된다. 1934년 쑨중산 선생을 기념하여 잠시 중산(中山)로라는 이름을 사용하다가, 1949년 혁명 이후 다시 우마가란 이름으로 바뀌었다. 안내판 옆에 우마가를 상징하는 다섯 마리의 말이 끄는 마차를 형상화한 동상이 있다.

풍속을 소개한 거리

우마가 곳곳에 원저우 전통민속을 소개하는 안내표지판도 흥미롭다. 그 가운데 중양절(重阳节)에 하는 원저우 활동이 흥미롭다. 중양절은 음력 9월 9일이다. 원저우에는 중양절에 등산하는 풍속이 있다. 동한 시대에 어떤 사람이 큰 액운을 피하려면 등산을 해야 한다는 말을 듣고 이를 따라 액운을 피했다는 옛이야기에서 비롯한다. 원저우 전래동요에는 "9월 9일 덩가오(登糕)를 외삼촌에게 보낸다"는 구절이 있다. 덩가

오는 '중양'이라고도 하는 쌀가루로 만든 떡이다. 중양절에 이 떡을 친구나 연장자에게 선물한다. 풍속에 따르면 덩가오를 먹으면 등산을 하지 않아도 액운을 피할 수 있다는 믿음이 있다고 한다.

각종 상점이 있는 보행가

거리의 건물은 서양식이다. 거리에는 각종 의류, 민속공예품, 간식, 구두, 운동화, 아동복 등의 상점이 있다. 약방감초격인 금은방도 보인다. 금은방 이름은 진다푸(金大福)다. 원저우 이바이기업이 하는 중바이상청(中百商城)도 있다. 가죽 구두와 가죽 백을 파는 유명 브랜드인 아오캉(奥康)도 보인다.

남성복을 파는 유명 브랜드인 하이란즈자(海澜之家)도 보인다. 일본계 기업인 미니소도 있다. 영화관도 보인다. 청장년층이 많지만 중고령층도 적지 않다. 구역사문화거리관리위원회와 우다오판사처라는 두 기관이 관리를 담당한다. 우리로 따지면 구청과 주민센터가 우마가를 관리하는 것이다.

원저우 모델

원저우는 민영기업의 도시다. 원저우 모델로도 유명한 도시다. 원저우 모델은 경공업 소규모 가내기업을 말한다. 개혁개방 이후 원저우 사람은 너도나도 소규모 가내기업 형태로 경공업에 뛰어들어 부를 축적하였다. 이 가운데 대규모 민영기업으로 성장한 경우도 많다. 오늘날 원저우 경제에서 민영기업이 차지하는 비중이 대부분이라 해도 과언이 아니다.

원저우남역에서 예매한 기차표를 미리 받아두기 위해서 표를 사거나 예매한 표를 받는 홀에 들어가자 캉나이(康奈) 신발의 대형 광고판이 눈에 띈다. 유명 연예인 펑사오펑이 남성 구두를 들고 포즈를 취하는 모습도 함께 보인다.

1980년에 개업한 캉나이는 원저우에서 대규모 민영기업으로 성공한 대표적 사례다. 캉나이는 남성, 여성용 구두 분야에서 중국 내 선두기업이다. 그 외에 피혁제품, 의류, 내의 수출업 등에도 종사한다. 현재 종업원이 5천여 명이며 연 7백여만 켤레의 중고급 구두를 생산한다.

민영기업의 도시

원저우의 대표적인 보행가인 우마가에 가도 원저우 토종 민영기업이 많이 보인다. 캉나이 내의, 아오캉 신발 등의 매장이 보인다. 1988년 향진기업으로 출발한 아오캉은 1999년에 중국 100대 민영기업의 하나로 발전한다. 아오캉은 신발류, 가죽제품, 부동산, 생물제품, 금융투자 등에 종사하는 기업이다.

비교적 고급제품을 판매하는 완샹청에도 원저우 토종 민영기업의 매장이 보인다. 4층으로 올라가니 썬마(森马)가 있다. 썬마는 영문으로 Semir라고 하는 유명한 캐주얼 브랜드다.

원저우신남역 근처 '신남역 대형 상가(新南站商城)'는 신발, 의류 등 각종 제품의 도매시장이다. 여기에는 중저가 제품이 많다. 현지인에게 물어보니 원저우의 가내기업에서 만든 제품도 많다. 원저우남역으로 가는 길에 궁예(工业)로를 경유하는데, 그 주변에도 많은 민영기업 공장이 보인다.

동방의 유태인

현지인의 말에 따르면 중국에서 소비 수준이 가장 높은 도시 가운데 하나가 원저우다. 저장성에서 고급 차가 가장 많은 도시는 항저우도, 이우도, 닝보도 아니다. 가장 많은 고급 차를 가진 도시는 원저우다. 원저우에는 9백여만 명의 상주인구 가운데 무려 2백만 명 이상이 상업에 종사한다고 한다. 중국에서 굴지의 민영기업 가운데 원저우 토종기업이 많다. 다른 도시에 비해 성공한 민영기업의 비율이 높다. 척박한 조건에도 불구하고 개혁개방 이후 원저우인은 악착같이 기업을 키워 성공하고 많은 부를 축적하였다.

이런 과정에서 일부 다른 도시 사람에게 부정적인 이미지를 주기도 했다. 부를 축적하는 데 치열한 서양의 유태인과 유사한 점이 많다는 점에서 오늘날 광둥의 차오저우 사람과 함께 원저우 사람을 '동방의 유태인'이라고 부른다. 하지만 필자는 척박한 조건에도 불구하고 근면하게 부를 일군 원저우 사람을 높이 평가하고 싶다. 그들은 중국식 자본주의 정신의 선구자라고 생각한다. 원저우에 첫발을 디디면서부터 이런 점을 물씬 느낀다.

저장 　 항저우杭州

저장성浙江省 **항저우시**杭州市

소개 : 저장성의 성도, 부성급시

마펑워 7대 명소 : 시호西湖, 시시국가습지공원西溪国家湿地公园, 허팡가河坊街, 타이쯔완공원太子灣公园, 쑹청관광지杭州宋城旅游区, 후쉐옌생가胡雪岩故居, 우산광장吴山广场

기차: 항저우역(1등급), 항저우동역(특등급), 항저우남역(특등급), 항저우서역

공항 : 항저우 샤오산萧山국제공항

시내교통 : 전철을 이용하면 편리하다.

상하이 홍차오역에서 항저우동역까지는 고속철 덕분에 50여 분밖에 걸리지 않는 가까운 거리로 단축되었다. 교통 혁명 덕분에 상하이와 저장성의 중심인 항저우가 반나절 생활권으로 단축된 것이다.

중국 10대 규모 기차역

항저우동역에 도착하여 건물 밖으로 나오니 들던 대로 항저우동역의 건물 크기가 어마어마하다. 뒤로 계속 물러나서 건물 전체의 사진을 찍어보려 했지만 포기할 수밖에 없었다. 항저우동역은 중국 10대 규모의 기차역으로 알려져 있다. 중국의 기차역은 대부분 규모가 크다. 특히 최근 지은 고속철역은 더욱 크다. 규모가 큰 이유는 여러 가지가 있다. 우선 중국의 기차 노선이 한국보다 더 복잡하다. 이동 인구도 많

다. 중국인들이 크게 짓는 걸 좋아한다. 미래의 더 큰 수요에 대비하는 자세는 본받을만하다.

4차 산업혁명의 선두도시

바이두백과에서 항저우를 검색하였다. 저장성의 성도인 항저우는 저장성의 정치, 경제, 문화, 교육, 교통, 금융의 중심일 뿐만 아니라 창강 삼각주 도시군 중심도시 중 하나다. 상주인구는 946만 8천 명이다. 2,200여 년의 역사를 가진 항저우는 오월과 남송의 수도였다. 항저우에서 출발하는 징항대운하는 베이징까지 간다.

항저우는 중국에서 전자상거래의 중심이기도 하다. 창업의 도시이고 4차 산업혁명의 선두도시다. 항저우의 창업 성공 신화이자 4차 산업혁명의 선두기업은 단연 알리바바다. 이런 이유로 첫 번째 행선지로 알리바바 본사로 향했다.

알리바바 시시단지

阿里巴巴西溪园区, Alibaba Xixi Park

알리바바 본사 소재지는 알리바바 시시단지다. 일명 타오바오청(淘宝城)이라고도 한다. 위항구의 본사 소재지에 접근할수록 주변은 항저우의 '미래과학기술지구 핵심구역'이라는 사실을 알 수 있다. 도착해서 정문으로 들어가 보니 알리바바 시시단지에 알리바바 본사와 여러 자회사가 밀집해 있었다.

실천은 열심히, 태도는 겸손하게

입구 쪽에 남성이 걸어가는 형상의 대형 조각 몇 개가 보인다. 이 조각들은 모두 걸음은 크게 걷지만 고개를 숙이고 있는 형상이다. 실천은

열심히 하지만 겸손한 태도를 취한다는 뜻이다.

총 8동의 단독건물이 보인다. 단독건물 하나하나가 아주 크다. 시시 단지의 총면적은 26만 제곱미터에 이른다. 마윈 회장과 1만 2천 명의 직원이 여기서 근무한다. 2008년 건설이 시작되었으며 2013년 입주가 완료되었다고 한다. 중국 대학생 대부분이 입사하고 싶어 하는 기업이다. 중국 대졸 초봉이 보통 1백만 원 이하인데 알리바바 직원은 초봉 월 360만 원 이상일 정도로 고액을 받고 있다.

알리바바의 창업과 성장

항저우사범대학을 졸업하고 한때 영어 교사였던 마윈은 1999년에 17명과 함께 항저우에서 창업한다. 여러 고비를 넘기면서 현재 알리바바는 1, 2차 산업을 제외하고 거의 모든 서비스 산업에 진출하고 있다. 2003년에 창업한 온라인 구매 플랫폼인 하이바오망(海宝网)이 있다. 2008년에 창업한 톈마오(天猫)도 있다. 2010년에 창업한 글로벌쑤마이퉁(全球速卖通)은 전 세계 소비자를 대상으로 하는 소매 플랫폼이다. 알리바바 국제교역시장은 해외 구매자를 위한 도매 플랫폼이다. 2004년에 창업한 알리페이는 모바일 결제와 각종 서비스를 제공하는 플랫폼이다. 4차 산업혁명을 선전에서 텐센트가 선도한다면, 항저우에서는 알리바바가 선도하고 있다.

알리바바경영대학

阿里巴巴商学院, Alibaba Business College

다음으로 항저우의 알리바바 본사에서 바로 항저우사범대로 향했다. 항저우사범대는 알리바바의 창업주인 마윈의 모교다. 이 대학에는 알리바바가 지원해서 설립한 알리바바경영대학이 있다. 알리바바가 설립하고 지원하는 대학이기 때문에 나름 특성이 있을 것으로 생각하여 항저우에서 두 번째 행선지로 선택하였다. 항저우사범대는 몇 개의 캠퍼스를 보유하고 있다. 알리바바경영대학은 창첸캠퍼스에 있다. 본사에서 캠퍼스까지는 자동차로 10분 거리다.

대학교-기업 합작대학

항저우사범대학에 도착하여 한참 걸어 들어가니 알리바바경영대학 건물이 나온다. 건물 앞 잔디밭에 마윈의 서명이 새겨진 돌이 보인다. 전부터 알고 있던 이곳 직원이 건물 입구에서부터 흔쾌히 안내를 해주었다. 직원의 설명을 들어보니 마윈 회장의 알리바바그룹이 한국 돈으로 수백억 원을 투자하여 2008년에 알리바바경영대학을 설립하였다. 항저우사범대와 알리바바가 공동으로 설립한 대학교-기업 합작 대학이란 점에서 독특한 모델이다.

2017년에 알리바바그룹은 알리바바경영대학을 인터넷 비즈니스 분야에서 창업형 대학으로 발전시키기 위해서 5천만 위안을 더 투자한 바 있다. 현재 마윈은 이사장과 학장을 맡고 있지만 실질적인 일은 부학장과 당위서기를 겸직하고 있는 장쭤(张佐) 교수가 담당하고 있다.

실습과 실전을 중시하는 단과대학

건물 3층에는 먼저 학생 창업자의 인큐베이터 공간이 있다. 공간 한편에는 알리바바의 온라인 쇼핑몰인 타오바오(淘宝)에 올릴 상품의 사진을 찍을 수 있는 도구가 놓여 있다. 알리바바경영대학이 실전과 실습을 중시하는 대학임을 금방 알 수 있다. 알리바바경영대학 학부생은 대략 1천 명에 이른다. 이 가운데 절반은 실제 창업하고 있다고 한다. 학생은 1학년 때부터 타오바오에 개점해서 실제 판매를 한다. 개점하는 데는 한국 돈으로 1백만 원이면 된다고 한다. 어떤 학생은 2년간 12억 원어치의 상품을 판매했다고 한다. 위탁판매도 한다고 한다.

1층으로 내려가는 길에 강의실도 보인다. 직원 말로는 여기서 출판하는 전자상거래와 온라인 마케팅 관련 교재는 중국 전역에서 사용할 정도로 이 분야에서는 우수하다는 평가다. 알리바바경영대학의 전공으로는 전자상거래, 온라인 마케팅, 국제 비즈니스, 시장 마케팅, 물류관리가 있다. 항저우사범대학은 985공정대학도, 211공정대학도 아니다. 항저우의 시립대학일 뿐이다. 하지만 전자상거래와 온라인 마케팅 분야에서 특성 있는 대학임은 분명하다.

창업에 최대한 지원

1층에는 상품을 보관하고 포장하는 공간이 있다. 학생들이 타오바오의 창업 숍에서 주문받은 상품을 택배로 보내기 위해 포장하거나 보관하는 공간이다. 학생들이 각종 상품을 부지런히 포장하고 있다. 한편에는 포장된 각종 상품들이 그득하다.

인큐베이터 단계를 지난 일부 창업회사는 항저우 시정부의 공상관리국에 실제 기업으로 등록하기도 한다. 현재 이렇게 등록까지 한 대규모 창업기업도 여럿 있다고 한다. 사장은 당연 학생이다. 학교가 학생들의 창업 과정에서 시설과 공간을 사용하도록 지원하고 있음을 알 수 있다. 졸업을 해도 1년 정도 학교 공간이나 시설을 사용할 수 있도록 허용한다.

대기업과 학교의 새로운 관계 정립

알리바바경영대는 말 그대로 창업자를 키우는 대학이다. 창업 학생을 위한 천국이라 해도 과언이 아니다. 마윈이 세운 대학답고 알리바바라는 이름에 걸맞다. 대기업이 기존 대학 안에 학교를 설립한 흥미로운 모델이다. 대기업과 학교의 새로운 관계 정립이란 점에서 시사하는 바가 크다.

드림타운

梦想小镇, Dream Town

항저우의 창업 정책과 창업지구를 알기 위해서 항저우사범대 바로 옆의 드림타운으로 향했다. 드림타운은 미래과학기술지구에 있다.

드림타운의 총면적은 3제곱킬로미터에 이른다. 드림타운은 인터넷 창업타운과 천사(天使)타운으로 구성된다. 대학생이 전자상거래 소프트웨어 설계, 정보 서비스, 클라우드 컴퓨팅 등 인터넷 관련 상품 개발, 생산, 경영, 기술 서비스 기업을 창업하는 것을 지원하는 것이 인터

넷창업타운의 목표다.

인터넷창업타운은 인터넷 관련 창업 보육단지 같은 곳이다. 인터넷창업타운은 26동의 신축 건물로 구성된 대규모 창업단지였다. 26동의 건물이 작은 호수를 둘러싸고 있다. 서양식 건물에 환경은 무척 깨끗하고 아름답다. 강남 수향마을을 연상시킨다. 전체적으로 보면 강남 수향마을과 서구식 건물을 융합한 것 같다.

파격적인 창업 지원

현지 직원의 설명에 따르면 창업하는 청년층에 대한 시정부 차원의 지원이 적지 않다. 창업하려는 청년에게 작업 공간을 지원할 뿐만 아니라 주거임대료의 절반을 지원하고 관리비의 60%를 지원하고 있다. 또 드림타운의 창업기업이나 입주기업에 대해서는 사업자등록과 국세, 지방세 세무등기 업무를 3~5일 내에 처리해준다. 세금감면 혜택도 적지 않다. 예컨대 기업소득세는 2년간 면제되고 3년간 50%가 면제된다.

한 건물 내부로 들어가 보았다. 대학생들이 일에 몰두하고 있다. 창업 열기가 쉽게 느껴진다. 드림타운은 처음에 저장성 성장과 창업자들이 모여 건립을 논의하였다. 2014년에 준공되기 시작해서

오늘에 이른 것이다. 드림타운은 저장성, 더 나아가 전 중국의 특성화된 타운 건설에서 벤치마킹이 되고 있다. 2017년 7월에는 드림타운의 형제 격인 인공지능타운도 준공되기 시작했다. 3년 안에 열 개 이상의 최고 수준의 전문 연구원과 기업 연구개발센터가 들어설 예정이라고 한다.

드림타운은 상당한 성과도 보이고 있다. 2017년 7월에 두 명의 드림타운 청년이 포브스 2017년 중국 "30세 이하 30인 엘리트" 명단에 들어가기도 했다. 차핑(差评)의 창업자인 타오웨이화(陶伟华)와 윈시즈부(云犀直播)의 창업자인 청원부(程文波)가 그들이다. 인터넷 업계에서 떠오르는 인물들이다. 그 밖에 항저우시가 운영하는 이런 창업지구가 여러 개 있다. 금융창업지구, 화교창업지구 등이 있다. 항저우에서 제2, 제3의 마윈이 탄생하는 것은 머지않은 현실이 될 것 같다.

푸젠 푸저우福州

푸젠성福建省 **푸저우시**福州市

소개 : 푸젠성의 성도, 국가역사문화명성으로 지정(1986)

마펑워 6대 명소 : 싼팡치상三坊七巷, 시호공원西湖公园, 푸저우국가삼림공원福州国家森林公园, 구산鼓山, 뤄싱탑공원罗星塔公园, 서선사西禅寺

기차역 : 푸저우역(1등급), 푸저우남역(1등급)

공항 : 푸저우 창러长乐국제공항

시내교통 : 전철(2개 노선)과 버스를 이용하면 편리하다.

원저우남역에서 루이안, 창난, 타이무산, 푸안을 경유해서 푸저우역에 도착했다. 숙소로 가는 거리 곳곳에 '복(福)' 자가 새겨진 장식물이 붙어 있다. 푸저우(福州)의 '푸'는 '복' 자다. 푸저우에 체류한 지 3일째에 푸저우시 여행발전위원회로부터 문자 메시지가 왔다. "福州是有福之州，多福之州，幸福之州，住在福州有福气，常到福州亦沾福." 메시지의 뜻은 다음과 같다. "푸저우는 복을 주는 도시다. 다복의 도시, 행복의 도시다. 푸저우에 체류하면 복의 기운을 받는다. 푸저우에 자주 오면 복을 듬뿍 받는다." 푸저우 시정부부터 복의 도시를 표방하는 전략을 취하고 있다.

해안선이 긴 도시

푸저우의 약칭은 룽(榕)으로, 북송 시대 푸저우 태수 장바이위(张伯玉)가

룽수(榕樹)나무를 널리 심었던 것에서 유래한다. 푸젠성의 성도인 푸저우는 민강 하류와 연해지역에 위치한다. 고대 해양 실크로드의 관문이었던 푸저우의 해안선은 무려 1,137킬로미터다. 이는 푸젠 해안선의 3분의 1에 이른다. 2016년 말 상주인구는 757만 명에 이른다.

알아듣기 힘든 민 방언

푸저우의 방언은 민(闽) 방언이다. 민 방언은 중국의 일곱 방언 가운데 하나다. 나머지 여섯 방언은 북방 방언, 우(吴) 방언, 후난(湘) 방언, 커자(客家) 방언, 광둥(粤) 방언, 간(赣) 방언이다. 웨이보에서 한 네티즌은 알아듣기 힘든 방언의 순위로 원저우 말과 광둥 방언에 이어 3위는 민 방언이라고 하였다.

싼팡치샹

三坊七巷, Three Lanes and Seven Alleys

숙소에 짐을 풀고 마펑워에서 최고의 핫플레이스인 싼팡치샹으로 가기 위해 거리로 나왔다. 가오더지도가 안내하는 대로 시내버스를 탔다. 시내버스 요금은 거리와 관계없이 1위안이다. 남방도시의 시내버스 요금 중에서 제일 싸다. 싼팡치샹은 시 중심부에 가까운 곳에 있다.

명청 시대의 건축박물관

싼팡치샹에 도착하여 입구에 있는 설명을 읽어보았다. 린쩌쉬, 옌푸(严福), 린줴민(林觉民) 등 근현대에서 중요한 인물이 여기 출신이라는 설명이다. "一片三坊七巷，半部中国近现代史"라는 글귀도 있다. 이는 싼팡치샹이란 조그만 지역에서 중국 근현대사의 절반이 나왔다는 말이다. 열다섯 개의 전국중점문물보호단위가 있으며 해협 양안 교류기지

라는 설명도 있다.

싼팡치샹 역사문화거리의 면적은 40헥타르다. 진나라 때 시작하여 당나라 때 형성되었으며 명청 때 번성하였다는 설명도 있다. 명사 4백여 명이 여기 출신이라는 설명도 있다. 또 "西三个坊，东七条巷，南北一中抽轴"란 글귀도 있다. 이는 '서쪽의 3개 팡(坊), 동쪽의 7개 샹(巷), 남북으로 뻗은 1개 추축'이란 뜻이다. 고대 도시 안의 팡과 샹의 구조를 말한다. 싼팡치샹이란 이름이 이 글귀에서 유래하였음을 알 수 있다. 싼팡치샹은 사실상 명청 시대의 건축박물관에 해당한다. 근대 명사들의 집단 거주지라는 설명도 있다. 귀족과 사대부의 집단 거주지라는 사실을 알 수 있다.

랑관샹

입구 쪽 왼편에 랑관샹(郎官巷)이 나온다. 안에는 푸저우 민속박물관이 있다. 옌푸의 생가도 있다. 옌푸는 중국 근대 계몽사상가이자 번역가와 교육가라는 한국어 설명도 있다. 그는 신문 〈국문보(国闻报)〉의 창간 발기인이며, 〈천연론(天演论)〉을 중국어로 번역했다고 한다. 복건민속박물관도 있다.

마조 신앙

천후궁도 있다. 천후궁은 중국의 여신인 마조(妈祖)를 모시는 건물이다. 중국의 민간신앙 건물인 천후궁은 고대에 주로 강이나 바닷가에 지어졌다. 이 천후궁은 원나라 때 지어졌고 청나라 때 개축되었다. 이 천후궁은 과거 이 근처에 수로가 발달했었다는 증거라고 한다.

안에는 2인의 마조를 모시고 있다. 현지인에게 물어보니 각각 다른 마조라고 한다. 옆에 "하늘나라의 성모이신 마조"라는 글귀도 있다. 서양에서 성모 마리아를 믿고 있듯이 중국 고대의 해안이나 강변의 중국인들은 마조에 대한 신앙을 갖고 있었다.

기복 신앙

향을 피우고 절하는 사람이 있다. 옆에 개인의 희망을 적은 붉은 띠도 많다. 일정 금액을 주고 붉은 띠를 사서 개인의 희망을 적고 걸어두

는 것이다. 붉은 띠 하나를 보니 "혼인이 순조롭게"라는 글귀가 보인다. 중국의 공자사당이나 사원에서 흔히 보이는 붉은 띠다. 옆에 희망을 적은 붉은 패도 보인다. 한 패를 보니 이름과 함께 "목표 달성, 월수입 1만 위안 초과"란 글귀도 보인다.

천후궁 인근에 '해양 실크로드 동원 신속 문화교류센터'도 있다. 최근 일대일로의 영향으로 해양 실크로드의 뿌리 문화를 탐색하는 곳이다. 이 안에서도 마조를 모시고 있다.

이진팡

랑관샹에서 나와서 조금 더 걸어가니 이진팡(衣锦坊)이 나온다. 팡도 샹과 외관상 큰 차이가 없다. 이진팡에는 물가에 지은 연극 무대가 있다. 명나라 때 지은 개인 저택이다. 푸저우시에 하나밖에 없는 물가에 지은 연극 무대라는 설명이 있다. 남방 부호의 저택구조를 알 수 있는 건축물이다.

황샹

이진팡 맞은편에는 황샹(黄巷)이 있다. 서진 때 전쟁을 피해 황씨 가족이 여기에 거주하면서 황샹이란 이름이 붙었다. 당대 말에 황차오(黄巢)가 푸젠에서 주도한 농민봉기 때도 황샹은 난을 피할 수 있었다. 안에는 샤오황루(小黄楼)가 있다. 샤오황루는 당대에 유명했던 황푸(黄璞)의 생가였으며 이후 몇 차례 주인이 바뀌었다가 오늘날까지 이어지고 있다.

안으로 더 들어가니 푸젠사변 기간(1933~1934) 중국농공민주당 중앙기관 건물도 보인다. 이때 농공민주당 전신인 국민당 임시행동위원회는 항일 투쟁과 반장제스 투쟁을 주도하여 항일 민족통일 전선을 형성하는 데 기여했던 역사적 의의를 가진다는 설명이 있다. 싼팡치샹에 고대뿐만 아니라 현대의 중요한 역사도 있는 셈이다. 골목 곳곳에 식당이나 결혼사진관, 기념품점도 있다.

난허우가

싼팡치샹의 중간에는 난허우(南后)가가 있다. 싼팡치샹의 중심축이라 할 수 있다. 점심때가 되어 난허우가에서 쏸라펀(酸辣粉)으로 간단하게 점심을 해결했다. 원루팡(文儒坊)에는 북송 시대부터 명사들의 생가가 많다. 맞은편에는 안민샹(安民巷)이 있다. 안민샹 다음에는 궁샹(宮巷)이 있다. 이 역시 송나라 때부터 주거지다. 샹 간과 팡 간에 골목을 조성하여 밀랍인형관, 영화관 등을 만들어 관광객을 끌고 있다. 전체적으로 샹과 팡의 중간에 난허우제를 중심으로 서로 연결된 구조다.

민강 산책로

闽江边路, Minjiang Riverside Road

야경이 아름다운 민강

저녁에 민강으로 향했다. 강변 산책로에 많은 사람들이 걷고 있다. 산책로 옆의 가로수에는 "福" 자가 새겨진 등불이 장관을 연출한다. 강가 바로 옆에 또 다른 산책로가 있다. 민강 반대편의 빌딩과 고층 아파트의 야경 그리고 민강을 가로지르는 유람선의 조명도 아름답다.

광장무를 추는 사람이 가장 많은 민강 주변

산책로에는 많은 사람들이 광장무를 추고 있다. 산책로를 계속 걸어가니 광장무를 추는 그룹들이 더 많이 보인다. 민강 주변만큼 광장무를 추는 사람들이 많은 것을 본 적이 없다. 광장무를 추는 그룹을 자세히 보면 아이나 남성도 보이지만 다수는 다마(大妈)다. 다마는 중국어로 아줌마를 뜻하는 말이다.

광장무가 보편화된 남방

북방이든 남방이든 이른 아침에 흔히 볼 수 있는 광경은 광장무를 추는 다마다. 특히 남방은 북방에 비해 기온이 높아 겨울에 접어들어도 광장무를 추는 다마를 더 쉽게 볼 수 있다. 남방의 아파트 단지에서는 아침, 낮, 저녁 할 것 없이 광장무가 계속된다.

광장무에서 표출된 세대 갈등

중국의 다마 세대도 중국 경제 성장에 기여한 세대이고 자식에 대한 교육열이 강한 세대다. 하지만 젊은 세대에 비해 주택, 보험 등 경제적 혜택을 더 많이 누린다는 시각도 존재한다. 최근 농구장을 두고 젊은 층과 다투었다는 보도도 있었다.

여러 가지 정치적 조건으로 중국의 세대 갈등은 정치, 경제 분야보다 사회, 문화 분야에서 먼저 표출되고 있다. 향후 세대 갈등이 정치, 경제 분야에서도 공식적, 비공식적으로 표출될 것으로 보인다. 개혁개방 이후 남방도시는 다른 지역에 비해 경제적 발전이나 생활 수준이 더 빠르게 향상되었다. 때문에 세대 갈등이 더 첨예화될 수 있다.

푸젠 샤먼廈門

푸젠성福建省 **샤먼시**厦门市

소개 : 지급시, 부성급시, 경제특구, 국제적으로 아모이(Amoy)로 알려졌다.

마펑워 7대 명소 : 구랑위鼓浪屿, 샤먼대학厦门大学, 청춰안曾厝垵, 남보타사南普陀寺, 중산로보행가中山路步行街, 환다오로环岛路, 샤다바이청백사장厦大白城沙滩

세계문화유산 : 구랑위(2017)

기차역 : 샤먼역(1등급), 샤먼북역(1등급), 가오치高崎역(2등급)

공항 : 샤먼 가오치高崎국제공항, 샤먼 샹안翔安국제공항(2025년 완공)

시내교통 : 전철과 버스, 공유차량을 조합하여 이용하면 편리하다.

구랑위

鼓浪屿, Kulangsu

중국의 52번째 유네스코 세계문화유산

선전북역에서 샤먼북역까지는 둥처로 세 시간 50분이 소요된다. 중간에 광둥의 후이저우남역, 산웨이, 차오양, 차오산을 경유한다. 둥처가 광둥성과 푸젠성의 경계를 지난 후 푸젠의 장푸와 장저우를 경유해서 샤먼북역에 이른다.

샤먼북역에 도착해서 먼저 구랑위로 가보기로 했다. 구랑위를 첫 번째 행선지로 삼은 이유는 2017년 7월에 유네스코 세계문화유산으로 등재되었기 때문이다. 중국에서는 구랑위가 52번째 세계문화유산 등재인 셈이다. 구랑위는 샤먼 앞바다의 한 섬이기 때문에 샤먼북역에서 구랑위로 가는 배를 탈 수 있는 선착장으로 가야 했다. 9월 중순이라서 샤먼은 무척 습하고 더웠다. 샤먼을 여행하기에는 적당한 시기는 아니다.

시내버스를 타고 구랑위로 가는 한 선착장에 도착했다. 하지만 이 선착장의 매표소에서는 낮에 외지 관광객에게 표를 팔지 않는다는 안내가 붙어 있다. 샤먼 사람만이 신분증을 보이고 저렴한 가격으로 배를 탈 수 있다는 것이다. 외지인과 샤먼 시민이 이용하는 선착장이 다르다는 점을 몰랐다.

다시 시내버스를 타고 외지인만 이용할 수 있는 샤구선착장(厦鼓码头)으로 이동했다. 외지인이 이용하는 샤구 페리의 왕복 가격은 50위안이었다. 주민이 이용하는 선착장의 배보다 훨씬 비싸다. 여권이나 신분증을 제시해야 페리표를 구입할 수 있다. 페리표 구입에도 실명제가 적용된다.

많은 관광객이 구랑위로 가는 페리에 승선하는 것으로 보아 구랑위는 샤먼의 가장 큰 관광자원임이 분명하다. 다수가 젊은 층이다. 특히 젊은 여성이 많이 보인다. 외국인 조계지였던 구랑위의 유네스코 등재는 관광객을 유치하는 데 큰 기회를 제공하고 있다. 샤구선착장에서 구랑위의 선착장까지는 30분이 소요된다.

수많은 유적지

구랑위의 선착장에 도착하여 섬 입구 안내판에 정청궁(郑成功) 기념관, 피아노박물관, 구랑위 빌라호텔, 샤먼대학 공예미술학원, 해수욕장 등이 소개되어 있다. 조금 더 안으로 들어가니 53가지 유산의 안내판이

있다. 이 가운데 미국 영사관 유적지, 일본 영사관 유적지, 영국 영사공관 유적지, 가톨릭 성당, 싼이탕(三一堂)교회, 러광옌(日光岩), 옌핑 문화 유적지(瞻仰延平游酢祠), 구세병원과 간호사학교 유적지, 옌웨이산(燕尾山) 오포대 유적지, 아시아석유회사 유적지, 후이펑(汇丰)은행공관 유적지, 상판 샤먼 전화주식회사 유적지, 중난(中南)은행 유적지, 랴오자(廖家)별장, 하이톈탕거우(海天堂构), 판푸러우(番婆楼), 양자위안(杨家园) 등이 눈에 띈다. 53가지 유산의 리스트를 보니 구랑위의 성격이 무엇인지 알 것 같다.

먼저 섬 안에 경제형 호텔 하나를 예약한 후에 구랑위의 유적지를 자세히 보았다. 구랑위의 건축물마다 건축연도와 용도를 보여주는 안내문이 있다. 오래된 건물 가운데 건축연도가 1870년대인 것도 확인할 수 있었다. 청말, 민국 시기의 건축물이 대체로 많이 보인다. 바이두백과에 따르면 구랑위 건축물의 70%가 20세기 초부터 1930년대 사이의 건축물이라고 한다. 샤먼과 구랑위는 1840년대 초 1차 아편전쟁 이후 서구 세력에 침탈되었다고 설명하고 있다. 이때 이후 서구 건축물이 들어서기 시작했다. 청조 광서(光緖) 30년인 1908년에 구랑위는 공공조계로 전락한다.

자유관광의 천국

유적지 사이에 청말, 민초의 건축물을 흉내 낸 멋진 레스토랑도 보인다. 이런 레스토랑에 젊은이들이 식사하는 모습도 많이 보인다. 골목에는 각종 식당이나 간식거리가 많다. 식당 중에는 해산물 식당이 많이 보인다. 고급 호텔과 경제형 호텔도 많다. 이들 가운데 상당 부분은 주민이 직접 경영한다. 현재 구랑위에는 1만 5천여 명의 호적인구가 거주하고 있다. 러광옌으로 올라가는 거리에는 주민들이 사는 아파트 단지도 있다.

해변을 따라 뻗은 산책로를 걸으니 아름다운 정원에 와 있다는 착각이 든다. 아열대 지역의 아름다운 나무와 꽃들이 즐비하다. 그래서 구랑위를 해상화원(海上花园)이라 하지 않았던가. 많은 젊은 남녀가 산책로를 걷고 있다. 중장년층도 많이 보인다. 날이 어두워지자 바다 건너편에 보이는 샤먼시의 야경도 무척 아름답다. 현지인은 샤먼이 중국에서 가장 아름다운 도시라고 자부한다.

구랑위는 시간에 구속받지 않고 자유롭게 건축물, 자연, 음식 등을 즐기기에 적합한 섬이다. 특히 자유관광을 즐기기에 최적의 장소로 보

인다. 또 과거에 열강의 조계지라는 뼈아픈 역사가 지금은 관광객을 유치하기 가장 쉬운 조계지라는 훌륭한 관광자원으로 변모한 셈이다. 역사의 아이러니다.

중국인이 가장 살고 싶어 하는 10대 도시

구랑위에서 1박을 하고 다음 날 샤구선착장으로 향했다. 돌아가는 페리에서 보는 샤먼은 도시 스카이라인이 아름다운 해양도시다. 샤먼은 최근 중국인이 가장 살고 싶어 하는 10대 도시에 포함되기도 했다. 칭다오, 다리엔, 주하이 등의 반열에 들어가는 살기 좋은 해양도시인 셈이다. 샤먼은 부성급도시이며 2016년 상주인구는 392만 명이다.

환다오로

샤구선착장에서 부경대 중국학 박사 출신인 샤먼이공대 교수를 만났다. 함께 택시로 환다오(环岛)로를 타고 샤먼의 해안을 조망했다. 환다오로는 샤먼의 해안도로를 말한다. 전체 길이가 31킬로미터이며 왕복 6차로다. 환다오로는 세계에서 가장 아름다운 마라톤 코스라는

명성도 갖고 있다. 차창 밖으로 보니 도로 중앙과 양옆에 녹지대가 잘 조성되었다. 차창 밖으로 아열대 경치가 보이고 부유층 주택도 보인다.

일국양제의 경계

환다오로를 타고 가다가 황춰(黄厝) 해변에서 내렸다. 환다오로 옆에 "일국양제, 통일중국"이란 표어가 새겨진 큰 간판이 인상적이다. 타이완 문제 해결에 대한 덩샤오핑의 원칙과 지도사상이기도 하다.

황춰 해변 가까이에는 타이완의 진먼(金门)섬이 있다. 샤먼은 타이완의 진먼섬과 가장 가까운 도시다. 특히 샤먼시 자위는 진먼섬에서 1.8킬로미터에 불과할 정도로 인접해 있다.

이런 이유로 샤먼은 1980년에 주하이, 선전, 산터우와 함께 경제특구로 지정되었다. 네 도시가 경제특구로 지정된 이유는 주하이는 마카오에, 선전은 홍콩에, 산터우와 샤먼은 타이완에 인접해서 타이완과 홍콩, 마카오의 자본과 기술을 활용할 수 있기 때문이다.

장쑤 　난징南京

장쑤성江苏省 **난징시**南京市

소개 : 장쑤성의 성도, 부성급시

마펑워 6대 명소 : 총통부总统府, 난징대학살기념관侵华日军南京大屠杀遇难同胞纪念馆, 공자사당－친화이허관광지구夫子庙－秦淮风光带, 난징박물관南京博物院, 중산钟山, 치샤산栖霞山

기차역 : 난징역(1등급), 난징남역(특등급), 장닝江宁역(2등급), 리수이溧水역(2등급)

공항 : 난징 루커우禄口국제공항, 난징 마안马鞍국제공항

시내교통 : 전철(10개 노선)을 이용하면 편리하다.

허페이남역에서 난징남역까지는 고속철로 50분이 소요된다. 상하이 훙차오역에서 난징남역까지는 가장 빠른 고속철로 한 시간 20분이 걸린다. 난징이 상하이보다 허페이에 더 가까운 곳에 있다. 기차 안에서 먼저 난징의 첫 행선지로 공자사당 - 친화이허 관광지구를 정했다. 몇 년 전에 간 적이 있지만 이번에 좀 더 자세히 탐색해볼 생각이다. 첫 행선지를 정했으므로 숙소도 찾아야 한다.

중뎬팡

난징에서 묵을 숙소를 씨트립으로 검색하였다. 숙박업소를 찾을 때 중뎬팡(钟点房)은 피하는 것이 좋다. 중뎬팡은 호텔에서 시간 단위로 요금을 받는 방을 일컫는다. 예컨대 숙박업소의 방 가운데 “钟点房(8点

~22点连住4小时, 18点前入住)"가 있다. 이는 '8시에서 22시 사이에 사용할 수 있으며 이 시간대에 네 시간을 사용할 수 있다'는 말이다.

남방의 대도시인 상하이, 난징, 닝보 등의 호텔에는 중뎬팡이 많다. 이런 중뎬팡은 네 시간만 사용하는 요금이기 때문에 낮 12시에서 다음날 12시까지 사용하는 요금보다 저렴한 것은 당연하다. 그러니 중뎬팡을 예약하지 않도록 주의해야 한다.

상하이에서 필자도 중뎬팡을 예약하는 실수를 한 적이 있었다. 저녁 늦게 예약한 호텔로 갔는데 직원이 웃으면서 "이것은 낮에만 사용할 수 있는 방이다"라고 말했던 기억이 난다. 호텔 시설치고는 어쩐지 가격이 무척 저렴했다.

공자사당-친화이허 관광지구

夫子庙-秦淮风光带, Confucius Temple-Qinhuai River

난징 중국과거박물관

공자사당-친화이허 관광지구는 마펑워에서 최고의 핫플레이스다. 먼저 이 지구로 향하기로 했다. 공자사당 전철역에 도착하니 역 출구는 두 개로 동패방(동문)과 북패방(북문)이 있다. 동문 쪽으로 들어가니 난징 중국과거박물관이 있다. 입장료는 50위안이다. 박물관에는 북관과 남관이 있다. 북관 앞에는 린쩌쉬와 장젠(张謇)의 동상이 있다. 둘 다 과거에 급제한 대표적인 명사다. 린쩌쉬는 너무도 잘 알려진 중국 근대사의 영웅이다. 박물관의 전시관에는 고대 국가부터 청말, 민국 초까지 과거제도의 변천에 대한 상세한 전시물로 꽉 차 있다. 중국의 과거제도를 인터넷이나 책으로만 이해하던 것과 달리 박물관을 둘러본 짧은 시간 동안 이해가 더 잘되었다.

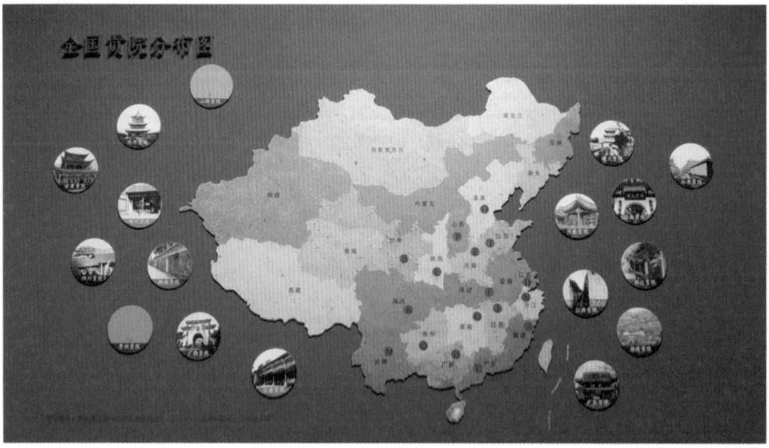

친화이허

박물관의 남관 뒤편에 친화이허(秦淮河)가 있다. 친화이허는 난징시 안을 흐르는 작은 강이다. 친화이허를 다니는 유람선의 매표소에 엄청나게 많은 인파가 줄을 서서 기다리고 있다. 몇 년 전 유람선을 타면서 친화이허의 아름다운 야경에 감탄했던 기억이 떠올랐다.

공자사당

친화이허 맞은편에는 공자사당이 있다. 입장료는 30위안이다. 정문 안쪽에 8인의 동상이 도열해 있다. 이들은 이전에 방문한 적이 있는 난닝의 공자사당에서는 본 적이 없는 동상이다. 이곳에는 대형 공자 청동상과 중국에서 가장 큰 공자 초상화가 있다.

대성전의 내부 모습은 이전에 가보았던 난닝 공자사당과 거의 같다. 공자사당의 기본구조는 유사한 것으로 보인다. 또한 공자사당, 씨족사당, 종교사원 등에서 기복 신앙이 배어 있는 것은 중국 어디서나 발견할 수 있는 현상이었다.

오리선짓국

공자사당-친화이허 인근은 한마디로 음식 천국이다. 난징 특유의 각종 샤오츠나 중국 각 지방의 특색 음식이 밀집해 있다. 샤오츠는 간식, 스낵을 일컫는다. 그중 가장 많이 보이는 샤오츠는 샤오룽바오(小笼包)와 오리선짓국(鸭血粉丝汤)이다. 중국에 선짓국이 있다는 사실은 여기서 처음 알았다. 중국에서 선지를 음식 재료로 사용하는 것은 보았지만, 우리처럼 선짓국으로 먹는 것은 처음 보았다. 한국의 선지는 소 피지만, 난징의 선지는 오리 피라는 점이 다르다.

친화이허 옆의 오리선짓국 집에 들어가 보았다. 주문해보니 오리선짓국에는 탕과 국수에 선지, 내장, 간, 모래주머니, 두부 등이 들어가 있다. 필자가 중국에서 먹었던 국 중에 가장 입맛에 맞고 상쾌하였다. 오리선짓국은 진링 샤오츠의 대표적인 음식이다. 진링은 난징의 옛 이름이다. 오리

선짓국은 남방인과 북방인의 입맛에 모두 맞기 때문에 중국 전역에서 팔린다고 한다.

이야기가 풍부한 샤오룽바오 식당

공자사당 북문 앞에도 큰 샤오룽바오 음식점이 보인다. 샤오룽바오는 다진 고기를 만두피에 싸서 찜통에 쪄서 만든다. 식당 이름은 룬샹거(闰香阁)다. 이름 옆에 "1398년에 시작"이란 글귀가 있다. 620년의 역사라니? 대단하다. 식당 안에는 중국인 말고도 외국인도 많다. 4층 건물이 모두 식당이다. 1층은 친화이허 샤오츠, 2층은 중찬팅, 3층은 특색 예약방, 4층은 연회장이다. 규모가 큰 식당이다. 이 인근의 맛집임을 알 수 있다. 샤오룽바오를 주문하고 여러 곳에 전시한 이 식당의 역사를 확인하였다.

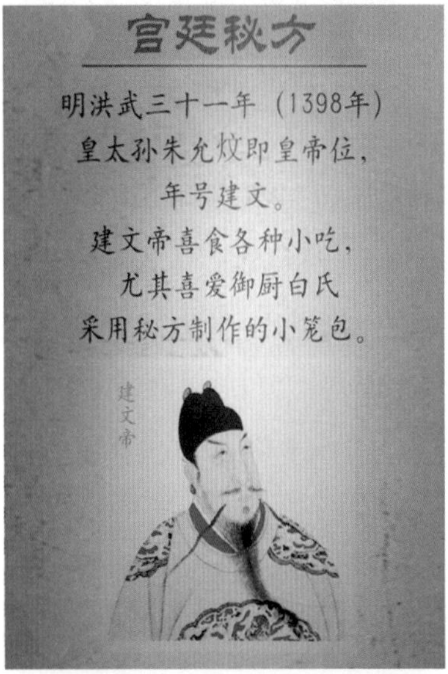

명대 1398년에 즉위한 건문제(建文帝)는 주원장(朱元璋)의 손자이며 명나라 2대 황제다. 각종 샤오츠를 즐겼는데, 특히 그는 바이(白)씨 성을 가진 황궁 요리사가 비법으로 만든 샤오룽바오를 좋아했다고 한다. 황궁 요리사는 1398년에 황위쟁탈전인 정난의 변이 발생하자 황궁을 피해 공자사당 인근에 샤오룽바오 음식점을 차렸다고 한다.

황궁 비법으로 요리한 샤오룽바오는 금방 강남 일대의 저명한 샤오츠가 되었다. 명말 황궁 요리사 바이씨의 12대 외손녀인 둥바이가 샤오룽바오를 더욱 발전시켰다. 1990년대 초에 난징웨화호텔에서 바이씨의 샤오룽바오 비법을 현대인의 입맛에 맞게 개선하여 특유의 진파이 샤오룽바오를 만들어 개업하였다는 이야기다.

종합적인 관광지구

북문 옆 샤오츠 식당에는 각종 난징 샤오츠가 있다. 라오루멘(老卤面), 난징식 취두부(臭豆腐) 등이 보인다. 롄후(莲湖)라는 가게는 옌수이야(盐水鸭)를 판다. 백 년 전통의 가게라고 한다. 소금에 절인 오리고기인 옌수이야는 2,500여 년의 역사를 가진 대표적인 난징 요리다.

날이 더운 가운데 붉은색을 띤 음료가 많다. 빙양메이(冰杨梅)라는 과일 음료는 원저우에서 유명하다고 한다. 붉은색 아이스케이크는 산자가오(山楂糕)다. 산자라는 과일로 만든다. 북방의 전통 샤오츠라고 한다. 공자사당 - 친화이허 관광지구는 중국 음식의 보고였다.

날이 어두워지자 친화이허는 주위의 조명과 어우러져 아름다운 야경을 보여준다. 공자사당 - 친화이허 관광지구는 아름다운 야경과 함께 과거제도, 유교 문화, 음식 문화 등을 종합적으로 맛볼 수 있는 지구다. 종합적인 볼거리와 먹거리가 수많은 관광객의 발길을 붙잡고 있다. 중국인이 가장 선호하는 분위기와 문화를 가진 관광지구라고 할 수 있다.

안후이 허페이合肥

안후이성安徽省 **허페이시**合肥市

소개 : 안후이성의 성도, 지급시

마펑워 5대 명소 : 싼허고진三河古镇, 샤오야오진공원逍遥津公园, 리훙장생가李鸿章故居, 안후이지질박물관(신관)安徽省地质博物馆(新馆), 바오사당合肥包孝肃公祠

기차역 : 허페이역(1등급), 허페이남역(특등급), 허페이서역(2등급)

공항 : 허페이 신차오新桥국제공항

시내교통 : 전철(2개 노선)을 이용하면 편리하다.

중국 사회에 큰 변화를 가져온 실명제

상하이역에서 허페이남역까지 고속철 요금은 204위안이었다. 상하이역의 매표소에 가서 씨트립으로 예매한 온라인 표를 승차권으로 교환하였다. 역사 입구에는 다른 기차역처럼 "실명제검증"이란 안내판이 붙어 있다.

다른 기차역처럼 중국인은 승차권과 함께 신분증을 스캔하면 역사에 입장할 수 있다. 외국인은 역무원이 있는 줄에 서서 여권과 승차권을 같이 제시해야 한다. 역무원이 여권과 승차권의 인적사항이 일치하는지 꼼꼼히 살피는 것은 다른 기차역과 다르지 않다.

실명제는 기차나 버스의 탑승에만 적용되는 것은 아니다. 실제 생활에서도 실명제는 엄격하게 적용되고 있다. 도처에서 관철되고 있는 실명제는 2010년대에 접어들어 중국 사회의 큰 변화 가운데 하나이므로 그 영향에 주목해야 한다.

상하이역에서 출발하여 쑤저우, 우시, 후이산, 창저우, 단양, 난징남역을 경유해서 두 시간 40분 만에 허페이남역의 남광장에 도착하였다. 중국의 고속철역의 광장은 둘로 나누어진 경우가 많다. 허페이남역에도 남광장의 반대편에는 북광장이 있다.

리훙장과 바오정

허페이 출신으로 가장 유명한 두 인물이 있다. 근대 인물로는 양무운동으로 유명한 리훙장(李鴻章)이다. 근대 이전 인물로는 바오정(包拯)이다. 바오정은 한국에서는 포청천(包青天)이라는 이름으로 잘 알려진 북송 시대의 유명한 청백리다. 허페이에는 리훙장 기념관과 바오정사당이 있다. 둘 다 마펑워에서 핫플레이스이지만 바오정 사당의 인기순위가 리훙장 기념관보다 조금 더 높다. 바오정은 중국 역사를 통틀어 매우 독특하고 귀감이 되는 인물이므로 먼저 바오정사당으로 향하였다.

바오정사당

包公祠, Memorial Temple of Lord Bao

청렴행정, 부패척결

바오정사당은 바오정공원 안에 있다. 허페이의 시내버스 요금은 2위안이며, 에어컨이 없는 시내버스 요금은 1위안이다. 허페이남역에서 바오정공원역까지 전철 요금은 2위안이다. 전철 요금은 시내버스 요금과 별 차이가 없다. 허페이남역에서 네 개의 역을 지나니 바오정공원역에 도착하였다. 역 출구에는 "청렴행정, 부패척결" 등 중국 공산당의 각종 홍보성 광고가 붙어 있다.

중국 공산당이 현재의 규모로 보수

바오정사당에 도착하니 "包孝肅公祠"라는 현판이 있다. 바오정은 본명이다. 바오샤오쑤(包孝肅)와 바오칭톈(包青天)은 별칭이다. 사당 입구 안내판에는 한국어 설명도 있다. 바오정사당의 역사는 천 년에 이른다. 1062년에 바오정이 별세하였으므로 별세한 이후 바로 사당을 지은 것으로 추정된다. 1882년에 같은 허페이 출신인 리훙장이 예산을 확보하여 수리했다. 양무운동의 명신이었던 리훙장이 당시의 부정부패한 청나라를 일으키고자 했던 고뇌를 읽을 수 있다.

1949년 혁명 이후에는 정부 주도로 여러 차례 보수가 이루어져서 현재의 규모가 되었다고 한다. 어려운 시기임에도 불구하고 바오정사당과 공원을 보수한 것으로 보아 중국 공산당도 역사적으로 중요한 청백리를 중시하지 않을 수 없는 상황이었을 것이다. 1961년에는 안후이성 지정문화재에 등재되었다.

바오정사당

바오정사당에는 바오허(包河)라는 큰 호수가 있다. 바오허는 공원의 큰 부분을 차지하는 호수다. 바오허의 다리를 건너면 사당에 도착한다. 사당에는 바오정과 가족의 희귀한 관련 사료가 많이 보존되어 있다. 사당 안 정전의 건축 양식은 전통사합원이다. 북방에서 보았던 사합원이란 건축 양식이 여기서도 보인다.

정전의 중앙건물에는 금빛 바오정 좌상이 모셔 있다. 정전의 마당에는 큰 향로에 향을 피우고 예를 갖추는 사람들도 보인다. 고대 위인의 사당에서 예를 갖추면서 기원하는 모습은 중국의 다른 사당과 별 차이가 없어 보인다.

북송 인종 시대에 활동했던 청백리

사합원 중앙건물의 양측에는 바오정에 대한 각종 전시물이 있다. 전시물은 바오정의 조상에 대한 소개로 시작한다. 바오정은 소관료 가정 출신이라는 설명도 있다. 고향에 대한 소개도 있다. 1027년에 진사에 급제했다.

다른 전시물에는 북송 인종(仁宗) 황제의 초상화가 붙어 있다. 초상화 밑에 설명을 읽어보니 바오정은 인종 재위기간(1022~1063)에 주로 활동하였다. 역사적으로 인종 재위기간은 성세로 기록된다. 때때로 위기가 존재할 때 바오정은 인종에게 직언하는 적극적인 역할을 하여 정치적 개혁을 이루었다는 설명이다. 그 밖에 그에 대한 각종 업적 소개와 바오씨 족보에 대한 설명도 있다.

이야기가 있는 우물

정전 오른편에는 렌촨징(廉泉井)이라는 우물이 있다. 렌촨징은 원래 바오궁징(包公井)이라 불렸다. 청나라 광서(光绪) 연간 리궈헝(李国蘅)이 지은 〈향화돈정정기(香花墩井亭记)〉에 의하면 한 태수가 우물물을 마신 다음 이상하게 두통이 그치지 않았는데 그 뒤 태수가 탐관이라는 사실이 밝혀졌다. 그러므로 청렴의 우물이라는 의미로 렌촨징으로 개명했다. 이를 통해 청백리를 존중하고 탐관을 염오하는 뜻을 전달하고 있다.

일생의 업적을 소개하는 회랑

렌촨징 옆에는 밀랍인형박물관이 있다. 역사, 희극, 영화, 미술 등의 요소를 포함하는 밀랍인형들을 통해 바오정이 강권에 굴복하지 않은 이야기를 표현하고 있다. 사실감이 넘치는 전시 공간이다.

류팡팅(流芳亭) 정자 옆에는 후이란쉬안(回澜轩)이란 건물이 있다. 이곳은 바오정에 관한 역사문화회랑이다. 중국 특유의 긴 복도에 다양한 조각, 비석, 서화, 자수, 목각품으로 바오정의 일생과 업적을 자세하게 소개한다. 회랑은 중국의 여러 도시에서 도시의 역사나 위인의 업적을 표현하기 위해서 자주 사용되는 가장 중국적인 전시 양식이다.

시진핑 시대에 더욱 각광받는 바오정

중국 공산당은 오래전부터 부패척결과 청렴정치를 중시하고 있다. 특히 시진핑 시대에 이런 과제를 국정의 최우선으로 하고 있다. 광둥성의 중산시에 있는 쑨중산 기념관에서 보듯이 중산복을 입은 쑨중산은 누구보다 검소한 정치인이었다. 중산의 쑨중산 기념관은 중국 공산당이 청렴을 가르치기 위한 교육장으로 활용되고 있다.

바오정사당과 공원도 중국 정부가 지정한 전국청렴정치교육기지다. 1949년 이후 바오정은 중국 공산당에서 추앙받는 인물로 부각되고 있다. 중국 공산당이 북송 시대 위인으로 가장 존경하는 인물은 확실히 바오정이다.

시진핑 시대에 접어들어 중국 공산당은 어느 시대보다 청렴정치와 부패척결을 강조해왔다. 이런 이미지에 꼭 맞는 위인은 바로 바오정이다. 이런 연유로 시진핑 시대에 다시 부각되지 않았을까? 바오정사당과 공원에도 버스를 타고 온 수많은 중국인 단체 관광객들이 보인다.

안후이 황산黄山

안후이성安徽省 **황산시**黄山市

소개 : 지급시

마펑워 5대 명소 : 황산黄山风景区, 훙춘宏村风景区, 시하이대협곡西海大峡谷, 시디西递, 후이저우고성徽州古城

세계문화유산 : 황산(1990), 훙춘과 시디(2000)

기차역 : 황산역(2등급), 황산북역(1등급)

공항 : 황산 툰시屯溪국제공항

시내교통 : 버스나 디디추싱이 편리하다. 전철은 없다.

중국 3대 상인 후이상

후이상(徽商)은 진상(晋商), 차오상(潮商)과 함께 중국의 3대 상인이다. 후이상은 후이저우 지역의 상인을 말한다. 명청 시기 융성했던 지역인 후이저우는 여섯 현인 서현, 이현, 시우닝현, 치먼현, 지시현, 우위안현으로 구성되어 있었다. 앞의 네 현은 황산시에, 지시현은 쉬안청시에 편입되면서 1987년에 최종적으로 현재의 행정구역으로 재편되었다. 우위안현은 장시성 상라오시의 일부로 관할이 변경되었다.

후이 문화와 후이상에 대해 탐색하기 위해서 허페이에서 황산시로 향했다. 허페이 - 황산시 노선은 징푸 고속철 노선의 일부다. 징푸 고속철 노선은 베이징남역에서 시작하여 푸저우역에서 끝나는 노선이다. 허페이남역에서 출발하여 우웨이역, 퉁링북역, 난링역, 시셴북역을 경유하여 황산북역에 도착하였다. 황산북역은 몇 년 전 건설된 고속철역이다.

후이 문화

역에서부터 후이 문화와 후이상의 흔적이 물씬 느껴진다. 안후이성의 대표적 은행 가운데 하나인 후이상은행이 보인다. 이 은행의 명칭에서부터 후이상의 숨결이 아직도 느껴진다. 기차 역사에서 나가는 통로에 후이저우의 유명 차와 다과도 보인다. 1875년에 시작된 후이저우의 명품 차 브랜드인 셰위다(榭裕大)가 특히 눈에 띈다. 셰위다는 치먼(祁门) 홍차, 황산마오펑(黃山毛峰) 녹차, 타이핑허우쿠이(太平猴魁) 녹차 등으로 유명하다. 후이 문화의 정수들이다.

농민의 직업 전환

고속철을 타고 오면서 씨트립으로 역 근처 숙소를 검색하였다. 후이팅야위안(徽庭雅苑)이란 객잔이 가격도 103위안으로 저렴한데다가 평점이 아주 좋다. 객잔은 중국의 숙박업소를 말하는 용어다. 남방에서 객잔이란 숙박업소가 많다. 객잔의 가격 수준은 경제형 호텔과 비슷하거나 이보다 저렴하다.

역 앞에서 예약한 객잔으로 전화하였다. 나이든 아저씨가 운전하는

작은 승용차를 타고 객잔으로 갔다. 이 객잔은 며칠 숙박하는 동안 필자에게 여러 가지 점에서 흥미로웠다.

전형적인 가족기업이었다. 딸이 카운터에서 일한다. 사위와 주인이 황산북역으로 숙박인을 태워주는 일을 맡고 있다. 부인은 객잔의 식당 일을 주로 맡고 있다. 주인의 조카도 보인다. 흥미로운 점이란 고속철 가설에 따른 농민의 직업 전환이다. 주인은 농민이었는데 숙박업으로 직업을 바꾸었다. 몇 년 전 황산시 교외에 보유한 농토에 고속철이 생기면서 토지사용권을 국가에 팔고 그 돈으로 객잔을 지었다고 한다. 딸도 투자하여 2017년에 3층 건물의 객잔을 개업하였다. 1층에는 식당도 구비되어 있다. 이 객잔은 4인 가족의 주거지이기도 하다. 방음은 잘 안되지만 가격에 비해 깨끗하고 좋았다.

황산북역의 건립은 이 가족에게 새로운 기회를 부여한 것이다. 고속철 건립은 도시 교외의 농촌 가정에 새로운 기회를 제공하고 있다.

후이저우 문화박물관

中国徽州文化博物馆, China Huizhou Culture Museum

다음 날 황산북역에서 5위안의 요금을 내고 고속철직행버스를 타고 가다가 1위안의 시내버스로 환승하여 후이저우 문화박물관에 도착했다. 둘러보니 이곳에는 후이저우 음식박물관, 후이저우 병과(糕饼)박물관, 미술관 등이 더 있다. 후이저우 문화 관련 작업실, 공예실 등도 있다. 후이 문화를 집대성한 후이 단지와 같은 느낌이 든다.

문화박물관은 입장료가 없었다. 박물관의 첫 전시실에는 후이저우의 역사에 대한 설명과 전시물이 있다. 첫 전시실의 서언에서는 후이저우는 문화지리 개념이며 독립적이고 탁월한 민속문화의 근원임을 밝히고 있다.

후이저우에는 사오천 년 전부터 사람이 살기 시작했다. 후이저우부(府)란 명칭은 당나라 때(770년)에 시작되었다. 이때 후이저우부는 1부 6현이었으며 6현은 앞서 말한 것처럼 서현, 이현, 시우닝현, 치먼현, 지시현, 우위안현을 말한다. 명청 시기에 후이저우는 문화적으로도 번성했다는 설명도 있다.

포르투갈까지 진출했던 후이상

다음은 필자가 가장 관심을 가졌던 후이상 전시실이다. 후이상이 주로 종사했던 업종은 목재업, 전당업, 차 산업 등이었다. 무역에도 종사하여 동북아와 동남아뿐만 아니라 포르투갈과도 거래를 하였다. 이런 활약으로 명청 시기 가장 영향력 있는 상방은 후이상이라는 설명이다. 심지어 양쯔강 유역에 후이상이 없는 진이 없었을 정도로 후이상의 세력범위가 넓었다고 한다. 이는 당시로서는 하나의 상업적 기적이었다.

헝그리 정신으로 무장한 후이상

후이상은 중농억상, 즉 농업을 중시하고 상업을 억압하는 당시의 관념을 타파하는 데도 기여했다. 또 후이상은 신용에 기반한 상도를 중시했다고 한다.

후이저우에서 가장 영향력 있는 상방이 탄생할 수 있었던 요인에 대한 설명도 흥미롭다. 후이저우는 산과 인구는 많은 반면 경작할 땅은 좁았다. 양식을 자급자족할 수 있었던 지역이 아니었다. 이런 생존 조건에서 후이저우 사람은 외지로 나가 상업에 매진하여 생계를 해결할

수밖에 없었다.

후이상 전시실에서 배를 타고 외지로 나가는 후이상의 모습이 보인다. 아내와 작별하는 이 후이상의 조각이 무척 인상적이다. 각종 지도도 전시되어 있다. 이는 당시 후이상의 진출 영역을 보여주고 있다.

후이저우의 명차

차 산업에 대한 설명도 있다. 중국의 10대 명차 가운데 무려 세 개가 후이저우 차다. 치먼 홍차, 황산마오펑 녹차, 타이핑허우쿠이 녹차다. 후이저우 명차는 모두 청말에 개발되었다는 설명도 있다. 후이상의 명차의 판로를 그린 지도도 있다. 중국 대부분, 일본, 동남아, 유럽에까지 걸쳐 있다.

후이상이 취급한 목재는 황궁에서도 사용되었다. 명대에 황궁인 첸칭궁과 쿤닝궁을 수리하는 데도 후이상의 목재를 사용하였다는 설명이다.

후이상의 영향력은 장쑤 양저우의 상황에서 잘 나타난다. 명청 시기 양저우는 염업의 중심지였는데 이 분야에서 후이상의 영향력이 대

단히 컸다. 전당업의 경우 양저우에서 후이상이 거의 독점하다시피 했다. 저명한 후이상의 아홉 성씨, 81인에 대한 양저우의 한 기록도 있음을 설명하고 있다.

후이상 대부분은 빈곤한 가정 출신이었다. 따라서 처음에 소규모 상업에서 출발한 후이상은 근검절약과 유교 경영으로 자본을 축적하면서 거상이 되었다고 한다. 전시실은 저명한 후이상 명단도 소개하고 있다. 특히 걸출한 후이상인 장춘(江春), 후쉐옌(胡雪岩), 마웨관(马曰琯) 형제, 후관싼(胡贯三), 바오즈다오(鲍志道)에 대한 자세한 소개가 있다.

후이상의 영광을 복원하려는 안후이성

박물관 2층에는 후이저우의 예술, 사상, 음악, 교육, 건축 등에 대한 각종 전시실이 있다. 성리학자로 유명한 주희(朱熹)와 사상가로 유명한 후스(胡适)도 후이저우 출신이다.

후이상은 명대 중기 이후 가장 번성하였으며 청말, 민초 시기에 점차 쇠락하였다. 하지만 최근에 다시 후이저우 문화를 복원하고 후이상의 번영을 되살리려는 분위기가 느껴진다. 특히 황산시에는 후이저

우 문화와 후이상의 흔적이 돋보인다. 황산북역에서 세 정거장을 지나면 후이문화산업단지(徽文化产业园)가 있다. 시내버스 차창 밖에 후이상국제호텔도 보인다.

후이상은행은 허페이나 황산시에서 흔히 볼 수 있는 은행이다. 후이상은행은 여섯 개의 안후이 도시상업은행과 일곱 개의 안후이 도시신용사가 연합하여 2005년에 설립한 주식제 상업은행이다.

허페이의 후이 문화와 지역경제

황산시를 넘어 허페이에도 후이상의 번영을 복원하고자 하는 분위기가 뚜렷하다. 허페이 시내 곳곳에 중국국제후이상대회의 개최를 알리는 현수막이 보인다. 해외에 있는 후이상의 후예를 불러 모아서 네트워크를 구축하여 안후이 경제를 더욱 발전시키자는 취지일 것이다. 후이상의 후예들이 다시 활약하고 있다.

허페이의 안후이 박물관 1층에는 몇 편의 유화와 동상이 있다. 안후이의 중요한 역사를 표현한 유화와 동상이다. 〈후이상과 후쉐옌〉란 제목의 큰 유화가 있다. 후쉐옌은 유명한 후이상이다. 안후이 역사에서 후이상의 비중을 알 수 있는 대목이다.

전시실에서는 후이상과 후이 문화를 비중 있게 전시하고 있다. 당시 박물관 3층 모든 전시실에서는 후이저우 건축물을 전시하고 있었다.

홍춘

宏村, Hongcun

황산시 최고의 핫플레이스

중국에서 가장 아름다운 고촌 가운데 하나로 알려진 홍춘은 후이저우 문화를 알 수 있는 중요한 명촌이며 유네스코 세계문화유산에 등재되어 있다. 중국 국가 5A급 관광지구이기도 하다. 마펑워에서도 홍춘은 황산시 관광지 가운데 인기순위 1위다. 황산시 버스터미널에서 홍춘까지 버스 요금은 24위안이다. 황산시 교외로 접어들자 도로는 2차선이다. 여러 개 마을을 거쳐 시디(西递)가 보인다.

시디 또한 홍춘처럼 유네스코 등재 세계문화유산이다. 모두 흰색 벽에 기와집이다. 건축물은 후이저우 건축 양식이다. 버스의 한 승객에게 홍춘과 시디의 차이점을 물어보았다. 홍춘은 후이상과 서민들이 거주하는 고촌이었다면, 시디는 관료들이 많이 사는 거주지라는 점에서 차이가 있다고 친절하게 설명한다. 시디에서 한 중국인 부부가 하차하였다.

시디에서 홍춘으로 가는 길에는 전통촌락이 더 많이 보인다. 룽춘(龙村)이라는 전통촌락도 보인다. 한 시간 반을 지나 홍춘에 도착했다. 대부분의 승객은 이곳에서 하차하였다. 황산시 버스터미널로 돌아가는 막차는 오후 5시다. 비교적 이른 시간에 돌아가는 버스가 없어지기 때문에 주의해야 한다. 시간 맞추어 홍춘 참관을 서둘러야 한다.

8백여 년의 역사를 간직한 명촌

홍춘 입장료는 104위안일 정도로 비싼 가격이다. 중국에서 체제 홍보 특성이 적은 관광지나 빼어난 자연경관을 가진 관광지는 입장료가 비싸다. 소득 수준으로 보아 중국인들에게 이 정도 가격은 적지 않은 부담일 것이다. 그럼에도 불구하고 입장하는 중국인 관광객이 아주 많다. 황산시 최고의 핫플레이스답다. 홍춘은 남송 때 형성되기 시작했으니 8백여 년의 역사를 간직한 촌락이다. 원래는 왕(汪)씨 집성촌에서 출발했다.

배산임수의 촌락

길 왼편에 시시(西溪)라는 하천이 있다. 하천은 촌락이 형성되기 위한 필수 조건이다. 오른편은 난호라는 호수가 있다. 서쪽은 하천이 흐르고 남쪽은 난호라는 아름다운 호수가 있는 형상이다. 북쪽으로는 중국 최고의 명산인 황산의 산줄기인 양잔령(羊栈岭)과 레이강(雷岗)산이 있다. 한국의 마을도 배산임수에 위치하는 경우가 많다. 이런 점에서 한국 마을과 유사하다.

난호와 시시를 양옆으로 끼고 걸어가니 마을 어귀에 백양나무가 보인다. 마을 어귀에 오래된 나무가 있고 이를 수호신처럼 여기는 것은 한국이나 중국이나 마찬가지인 것 같다. 백양나무 앞에 중국어, 영어, 일본어, 한국어 설명이 있다. 과거에 마을에 혼사가 있을 때면 부부가 백년해로 하고 복을 받으라는 의미에서 신부 가마가 나무를 한 바퀴 돌고 나서 마을을 떠난다고 한다.

후이저우 음식

마을 어귀 나무 옆 길가에 기차역에서도 본 셰위다라는 명품 차 매장이 눈에 띈다. 차 매장 안에는 이 회사의 주요 브랜드인 치먼 홍차, 황

산마오펑 녹차, 타이핑허우쿠이 녹차가 보인다. 깔끔한 느낌을 주는 차 매장이다.

오른쪽 길로 들어가니 왕다시에(汪大燮) 생가가 보인다. 민국 초기 국무원총리와 재정총장을 지냈던 인물이다. 홍춘에서 거상뿐만 아니라 정치적으로 큰 인물도 배출했다. 그래서 홍춘이 중국의 12대 역사문화명촌에 포함되는 것이다.

홍춘의 골목길에는 각종 후이저우 특산 디저트, 음료 등의 가게로 꽉 차 있다. 황산 사오빙(烧饼)도 그 가운데 하나다.

웨자오

길을 따라 한참 가다가 왼편으로 가니 우리나라에는 '월소(月沼)'로 잘 알려진 웨자오가 나온다. 웨자오는 마을의 중앙에 위치하며 반달 모양을 하고 있다. 중국의 다른 유명 관광지처럼 한글 설명이 있어서 읽어보았다. 명대에 홍춘 76대 선조인 황사제가 측량, 채굴하였으며 마을 옆 하천인 시시의 물을 연못으로 끌어들여 집안의 방화, 식수, 빨래 등의 용도로 사용하였다고 한다. 이후 못의 모양을 확립하고 규모를 확대하였다는 설명도 있다. 그런데 한글 설명에 어법 오류가 많다.

경덕당

웨자오 주위에 마을의 주요 건축물이 몇 가지 있다. 대표적으로 경덕당(敬德堂)이다. 경덕당은 건축 양식이 소박하고 기둥은 정사각형이다.

명말, 청초 민가의 대표작이다. 보통 상인의 생활상과 명청 시기 후이 건축의 구조를 잘 알 수 있다. 청초(1646년)에 건립되었으니 370여 년이나 된 가옥이다. 총면적은 286제곱미터다.

들어가 보니 큰 대청은 두 현관과 2층 구조를 갖추고 있었다. 목조의 형상이 독특하고 선과 면이 완벽하다는 설명이 일리가 있다. 정원 화단은 현재까지도 보존이 잘되어 있고 양쪽에는 백 년 된 진귀한 모란이 심어져 있었다.

웨자오 주위의 가게들

웨자오 주위에는 객잔과 음료점, 술집이 많다. "와호장룡"이라는 간판을 단 음료 가게가 이색적이다. 황산은 영화 〈와호장룡〉의 촬영장이기

도 했다. 그 옆에는 왕씨양조장이 있다. 양조장 앞에는 후진타오(胡锦涛)가 방문했다는 설명이 사진과 함께 붙어 있다. 당시 국가주석이었던 후진타오가 훙춘을 방문할 때 이 양조장을 방문하여 주인에게 생활과 소득 수준을 물었다는 설명이 사진과 함께 있다. 중국도 한국처럼 유명 인사, 특히 최고 영도자의 방문이 큰 홍보거리다.

훙춘에는 아주 좁은 골목이 많다. 이곳에도 양조장, 공예품점, 음료점 등이 많다. 골목길 한편에는 아주 작은 개울도 있다. 개울은 하수로 역할을 하는 것으로 보인다. 골목을 따라 계속 가니 마을의 남단에 위

치한 난호가 보인다.

항저우의 시호를 모방한 난호

난호를 가로지르는 아치형 다리가 보인다. 한국에서 보기 힘든 아름다운 호수에 예술적인 모양을 가진 다리다. 이 다리를 배경으로 사진을 찍는 젊은 관광객이 많다. 특히 여성이 좋아할 분위기와 경치다. 인근 중고등학교 학생들이 호수 주위에서 열심히 난호의 풍경을 그리고 있다.

난호는 명대에 만들어졌으며 홍춘의 선조들이 저수, 관개를 위해 항저우의 시호를 모방하여 건설했다고 한다. 난호 주변에 전통 민간가옥이 많다. 상당수는 관광객을 위한 객잔이다. 관광객이라면 누구나 이 아름다운 호수 옆에서 하룻밤을 묵고 싶은 생각이 들 것이다. 특히 아름다운 호수와 전통촌락이 어우러진 야경은 황홀한 분위기를 연출한다.

홍춘에서 주민들의 가장 중요한 생업 가운데 하나는 후이저우 특유의 건축물에 자리 잡은 객잔이다. 홍춘에는 객잔이 정말 많다. 난호 반대편에는 공예품 시장이 있다. 주민들이 객잔, 음식, 술과 함께 후이저우 문화가 물씬 풍기는 공예품을 제작하여 생계를 유지하고 있다.

중국화 속 촌락

홍춘은 중국에서도 "중국화 속 촌락(中国画里的乡村)"이라는 최고의 찬사를 받고 있지 않는가? 중국 12대 역사문화명촌의 하나로 충분히 평가될만하다. 홍춘은 남방 전통촌락의 모습을 잘 보여준다.

홍춘은 후이저우 문화의 보고다. 건축물, 음식, 사당, 골목, 하수로, 연못 등에서 후이저우 문화가 물씬 풍긴다. 후이저우 문화를 이해하려면 꼭 들러야 할 장소 가운데 하나다. 아울러 후이상과 명사들도 많이 배출한 촌락이다. 전통촌락이 후이저우 문화와 후이상의 명성을 딛고 화려한 관광지로 부상하고 있다. 남방 촌락, 특히 후이저우 전통촌락을 이해하는 데 더할 나위 없는 학습장이다.

4부 서남 지역

충칭重庆

충칭직할시重庆直辖市

마펑워 10대 명소 : 훙야둥洪崖洞, 츠치커우고진磁器口古镇, 우룽톈성싼차오武隆天生三桥, 해방기념비解放碑, 다쭈석각大足石刻, 차오톈먼朝天门, 난산이커수관광지구南山一棵树, 후광후이관湖广会馆, 십팔계단十八梯, 창강삭도长江索道

세계문화유산 : 중국 남방 카르스트지역(2007)

기차역 : 충칭역(특급), 충칭북역(특급), 충칭서역(특급), 사핑바沙坪坝역, 완저우万州북역(1등급), 룽창荣昌북역

공항 : 충칭 장베이江北국제공항, 완저우 우차오五桥공항, 첸장 우링산武陵山공항

시내교통 : 전철(10개 노선), 버스를 이용하면 편리하다.

광저우 바이윈공항에서 충칭 장베이공항까지는 한 시간 50분이 소요된다. 공항에서 예약한 근처 경제형 호텔인 한팅호텔로 향했다. 이 호텔은 공항에서 가까운 위베이구에 소재한다. 한팅호텔에 도착한 후 저녁 식사를 위해서 인근 번화가인 승리(胜利)로로 향했다.

승리로로 가는 길은 작은 도로이거나 골목이다. 서민들이 거주하거나 동네에서 오락을 즐기는 모습을 볼 수 있다. 트럼프와 마작, 장기, 바둑 등을 즐기고 있다. 노인들은 카드놀이에 열중이다. 중장년층은 마작 점포에서 게임에 몰두하고 있다. 차를 마시면서 마작이나 장기를 두는 찻집도 보인다.

충칭 훠궈

火锅, Hot Pot

중국인들 사이에 충칭하면 가장 먼저 미인과 미식을 언급한다. 얼마 전 〈상하이저널〉(2018.6.16)과 〈신랑칸뎬(新浪看点)〉에서 충칭은 중국 배낭족 사이에서 미인이 가장 많은 도시로 청두에 이어 2위로 선정된 바 있다. 미식으로는 단연 충칭 훠궈를 꼽을 수 있다.

충칭 훠궈는 명말, 청초에 충칭시를 흐르는 자링(嘉陵)강 주변과 차오톈먼 인근 선착장의 뱃사공의 요리에서 유래되었다. 2016년에 충칭 훠궈는 충칭을 대표하는 10대 문화코드 가운데 으뜸으로 평가되기도 했다. 이는 문화함량, 지명도, 호감도, 대표성, 독특성, 지역성, 시대성 등 7대 지표로 평가한 결과다.

훠궈의 수도

충칭 시내에는 훠궈 음식점 수가 5만여 개에 달한다. 이는 충칭 전체 음식점 수인 8만 500개 가운데 62.2%에 이른다. 2013년에 중국 50대 훠궈 기업 가운데 충칭 훠궈 기업이 13개에 이를 정도로 많고, 이마저도 실제보다 적게 선정되었다고 한다. 같은 연도에 중국 100대 음식 기업 가운데 충칭의 음식 기업이 14개가 포함되었다. 이들 기업은 모두 훠궈 기업이다. 충칭을 '훠궈의 수도'라 부를 만한 수치다.

매운맛의 자존심

승리로 상업가에 가니 훠궈 식당이 여러 개 보인다. 역시 충칭 훠궈가 많다. 그 가운데 맛집으로 보이는 한 식당 이름이 재미있다. 차오펑쯔라오훠궈(曹疯子老火锅)인데 우리말로 번역하면 '미치광이 차오 훠궈'가 된다. 간판에 적힌 영어는 "CRAZY CAO"였다. 종업원에게 물어보니 이 훠궈점도 연쇄점이 있다고 한다.

메뉴판을 보면 충칭 훠궈의 재료를 개략적으로 알 수 있다. 충칭 훠궈의 주요 재료에는 천엽, 돼지 혈관, 오리 창자 등이 들어간다. 그 밖에 신선한 채소, 굵은 파, 풋마늘, 감자 등을 주문했다. 고기로는 소고기와 양고기를 주문했다. 마지막으로 훠궈에 들어가는 탕의 종류를 선택해야 한다. 마라탕(麻辣汤)에는 라자오(辣椒) 가루가 들어간다. 중국의 고추인 라자오는 한국의 고추와 매운맛에서 다르다.

필자는 과거 베이징에서 충칭 훠궈 마라탕을 먹고 밤새 화장실에 들락날락하면서 고생한 기억이 있다. 그래서 칭탕(清汤)을 선호한다. 칭탕은 맵지 않은 멀건 국물을 말한다. 마라탕 대신에 칭탕을 주문하였다. 종업원은 칭탕만을 주문하는 이방인을 이상하게 쳐다본다.

칭탕 훠궈를 먹는 필자 옆에서 신기한 듯 종업원은 그게 맛있냐고 물어본다. 주위를 돌아보면 모두 검붉은 색의 마라탕에 담긴 음식을 먹고 있다. 어떤 중국인은 마라탕에 꼬치를 잔뜩 담가두었다가 먹기도 한다.

한국인이나 중국인은 중간이 분리된 훠궈 그릇에 마라탕과 칭탕을 반반씩 부어 끓여 먹기도 한다. 사실 엄밀히 말하면 마라탕 훠궈가 아닌 칭탕 훠궈는 충칭 훠궈가 아니다. 충칭 훠궈를 다른 말로 '마라 훠궈'라 하는 데서도 알 수 있다. 맵고 얼얼한 훠궈라는 뜻이다. 충칭 사람들은 이 매운맛에 자부심을 갖고 있다고 한다. 이러다 보니 칭탕으로 훠궈를 먹는 필자를 이해하기 어려울 것이다.

중국 4대 훠궈

중국에는 지역별로 특색 있는 훠궈가 있다. 실제 수십 종류의 훠궈가 있다. 이 가운데 중국 4대 훠궈에는 충칭 훠궈를 포함해서 베이징의 양고기 훠궈, 광둥의 다볜루(打边炉), 장쑤와 저장의 쥐화(菊花) 훠궈가 포함된다. 4대 훠궈 중에서도 충칭 훠궈의 영향력이 가장 크다. 2007년도에 〈중국요리협회(中国烹饪协会)〉는 중국 역사상 처음으로 충칭에 "중국 훠궈의 수도"라는 칭호를 부여하기도 했다.

중국은 음식을 중시하는 문화다. 이런 문화 속에서 충칭 훠궈는 충칭의 음식업에서 절대적 비중을 차지한다. 다른 도시에서도 충칭 훠궈를 쉽게 볼 수 있다. 충칭 훠궈가 중국의 다른 지방에서도 상당히 높은 시장 점유율을 보이고 있다. 충칭 훠궈의 유명세는 충칭시의 브랜드 가치에도 중요한 기여를 한다. 음식 하나가 이렇게 큰 영향을 주는 사례는 드물다.

량장신구

兩江新区, Liangjiang New Area

량장신구와 자링강의 빌딩숲

위베이구에서 해방기념비역으로 향했다. 전철이 국가급 개발개방신구인 량장신구(两江新区)로 접어들자 차창 밖으로 각종 건물과 제조업 공장이 보인다. 량장신구는 상하이의 푸둥 지구와 톈진의 빈하이 신구에 이은 국가급 신구다. 내륙으로는 첫 번째 국가급 신구다. 량장이라는 명칭은 충칭의 두 개의 주요한 강인 창강 본류와 지류인 자링강 사이에 있다 하여 유래하였다.

전철이 좀 더 달리자 차창 밖으로 자링강이 보인다. 자링강 주변에는 거대한 빌딩숲이 있다. 충칭은 서부 지역 개발의 전략적 거점도시다. 량장신구와 자링강 주변의 거대한 빌딩숲을 통해서 이를 다시 한 번 확인할 수 있었다.

산을 끼고 건설된 도시

위베이구에서 해방기념비역까지 가는 전철의 차창 밖으로는 겹겹이 산과 언덕이 많이 보인다. 자연환경에서 충칭의 가장 큰 특징은 산청(山城)이란 충칭의 별칭에서 잘 나타난다. 산청은 산을 끼고 건설된 도시란 뜻이다. 중국의 다른 대도시들이 대부분 넓은 평지에 건설되었다는 점과 비교된다. 바로 옆의 청두는 비교적 평지다. 청두가 쓰촨분지의 중심인 평지에 건설된 도시라면, 충칭은 쓰촨분지의 비탈진 산에 건설된 도시란 점에서 분명하게 대비된다.

대한민국 임시정부 청사

번화가인 해방기념비역에서 내려서 먼저 충칭 대한민국 임시정부 청사로 향했다. 씨트립으로 대한민국 임시정부 청사를 검색하여 위치를 확인하고 택시를 이용했다. 하지만 임시정부 청사 건물이 골목에 있고 안내표지판이 잘되어 있지 않아 찾는 데 한참 걸렸다. 지나가는 행인들에게 여러 차례 물었지만 찾기 쉽지 않았다. 좀 더 눈에 띄는 안내표지판이 필요하다는 생각이 든다.

간신히 임시정부 청사를 찾아 입구로 들어가니 중국인 관리자와 경비원이 있다. 임시정부 청사는 중국 측이 관리하는 건물이다. 이들은 대한민국 임시정부를 어떻게 인식할까? 입구로 들어가니 주석실, 임시 의정원실, 외무부, 내무부, 국무위원실 등이 보인다. 주석실이나 국무위원실에는 업무를 보는 책상과 함께 침대도 놓여 있다. 집무실이 숙소로도 사용되는 것일까? 생각보다 전체적으로 규모가 크다. 전시실도 있다.

홍야둥

洪崖洞, Hongyadong

자연과 역사를 담고 있는 홍야둥

임시정부 청사에서 홍야둥까지는 택시로 기본요금인 10위안 정도가 나온다. 홍야둥은 창강과 그 지류인 자링강이 교차하는 지점의 강변 절벽에 있다. 홍야둥은 고대 양식의 건축물이 있는 관광명소로 마펑워에서도 최고의 핫플레이스다.

이곳은 충칭의 역사와 자연을 집약한 장소다. 절벽에 지어진 건축물이란 점에서 충칭의 자연을 잘 보여준다. 충칭에는 산을 끼고 지어진 건물이 일반적이다. 엘리베이터나 계단으로 한 층 한 층 내려가면서 홍야둥의 건축물을 음미할 수 있다. 11층을 내려가야 절벽 아래 건축물에 당도할 수 있다.

그림 같은 야경

엘리베이터로 8~9층 아래로 내려가서 한참 있으니 어두워지기 시작했다. 어두워지면서 절벽을 끼고 지어진 건물들이 붉은 등을 비롯하여 다양한 조명을 켜기 시작하였다. 홍야둥의 야경이 펼쳐지는 순간이었다. 다른 도시에서 보기 힘든, 절벽과 건축물과 조명이 어우러진 아름다운 야경이다. 앞쪽 자링강에는 조명을 켠 화려한 유람선이 지나가고 있다. 한 폭의 그림이 따로 없다. 홍야둥의 환상적인 야경을 감상하고 있으니, 최근 세계여행관광협회(WTTC)가 충칭을 "세계에서 가장 빨리 성장하는 관광도시"로 꼽은 보도가 이해되었다.

전국 시기부터 시작된 역사

과거 충칭 성문의 하나였던 홍야둥은 쓰촨과 충칭 지역의 중후한 고대 건축 양식을 잘 보여준다. 홍야둥의 원래 이름은 홍야먼(洪崖门)이었다. 홍야먼의 주변은 일찍부터 빼어난 경치를 자랑했다. 홍야둥은 홍야먼 외부 절벽의 거대한 석굴이었다. 야(崖)는 절벽을, 둥(洞)은 동굴을 뜻한다. 홍야먼은 전국 시기(기원전 314년)부터 중국의 역사를 품고 있다. 전국 시기에 진나라가 바(巴) 나라를 정복한 후 1차로 충칭성을 축조하였다. 충칭성의 2차 축조는 삼국 촉한 시기(기원전 226년)에 있었다. 3차 축성은 남송 시기(1238년)에 원나라의 침공을 방어하기 위한 목적에서 이루어졌다. 명나라 홍무 4년(1371년)에는 4차 축성이 있었다. 충칭성의 여러 개 성문 중 홍야먼은 군사 요새였다.

2006년에 새로운 모습을 갖추다

현재 홍야먼은 대부분 훼손되었다. 하지만 과거 요새의 포대, 종이와 소금 선착장, 명대 성벽, 신해비문(辛亥碑文) 등 대부분의 유적은 아직 남아 있다. 2006년에 충칭시가 거액을 투자한 결과, 홍야둥은 새로운 모습을 갖추게 되었다.

절벽 아래층부터 꼭대기 층까지 걸어서 올라가보았다. 쓰촨과 충칭의 특산품점, 기념품점, 식당 등 수백 개의 점포로 꽉 차 있다. 관광객

码头火锅
全聚德
北京烤鸭
洪崖洞停车库

인파도 놀라울 정도다. 엄청난 수의 소상인 창업과 고용창출이 존재하는 현장이다.

체계적인 관광 전략

실제 훙야둥은 관광객을 끌어들이는 전략이 상당히 체계적이다. 다양한 볼거리와 먹거리를 구비하는 전략이다. 이른바 "1태, 3절, 4가, 8경" 전략이다. 예컨대 4가는 네 거리로 술집거리, 쓰촨과 충칭 풍정거리, 미식거리, 도시 스타일의 베란다거리를 조성하여 관광객에게 즐길 거리를 제공한다. 8경은 서로 만나는 두 개의 강, 건축물, 조각, 도시 베란다, 바(巴) 문화기둥, 맛집거리, 석양 등의 볼거리가 있다는 뜻이다. 관광객을 다양하게 만족시키는 장소가 구비되어 있음을 알 수 있다.

해방기념비 주위의 번화가

훙야둥에서 번화가인 해방기념비(解放碑)까지는 택시 기본요금 정도의 거리다. 씨트립으로 미리 호텔을 예약하지 않고 하차해서 근처 경제형 호텔을 찾았지만 적절한 호텔을 찾기는 쉽지 않았다. 좀 시간이 걸려 한 호텔에 체크인할 수 있었다. 세계에서 가장 빠르게 성장하는 관광도시여서인지 번화가 주변의 경제형 호텔은 금요일에 구하기가 어렵다.

쇼핑거리나 금융센터 등은 해방기념비를 중심으로 형성되어 있다. 번화가의 규모는 서부 대개발의 전략적 거점도시답게 거대했다. 야경 또한 중국의 다른 도시에 비해 떨어지지 않는다. 거대한 빌딩 하나가 보인다. 78층의 충칭국제금융센터(重庆环球金融中心)다. 돌체앤가바나(Dolce&Gabbana), 프라다(Prada) 등 명품점 건물들도 많이 보인다. 사람들의 옷차림이나 쇼핑몰은 선전이나 광저우에 비해서 세련미가 조금 떨어진다. 하지만 도시의 발전은 놀랍다. 서부 지역이 아닌 동부 해안지역의 도시에 왔다고 착각할 정도다.

쓰촨　　청두成都

쓰촨성四川省 **청두시**成都市

소개 : 쓰촨성의 성도, 부성급시

마펑워 7대 명소 : 콴자이샹쯔宽窄巷子, 진리锦里, 판다기지大熊猫, 춘시로春熙路, 런민공원人民公园, 무후사武侯祠, 두보초당杜甫草堂

기차역 : 청두역(특등급), 청두동역(특등급), 청두남역(3등급), 청두서역(3등급)

공항 : 청두 솽류双流국제공항, 청두 톈푸天府국제공항(2020년 개통)

시내교통 : 전철(6개 노선), 관광지 직통차直通车, 버스를 이용하면 편리하다.

고속철역 옆의 가성비 높은 아파트형 호텔

충칭북역에서 청두동역까지는 한 시간 40분이 소요된다. 충칭으로 다시 돌아가야 하는 일정 때문에, 고속철 기차 안에서 청두동역 바로 옆에 있는 아파트형 호텔의 룸 하나를 결제하였다. 호텔 이름은 청두루이펑 아파트형 호텔로 1박에 130위안이다.

청두동역은 최근에 건립한 고속철역이다. 그래서인지 역 주변은 아직 개발이 안 된 공터가 많다. 역 바로 옆에 수십 층은 되어 보이는 초대형 고급 호텔이 있다. 그 옆에도 수십 층은 되어 보이는 빌딩이 있다. 이 빌딩이 씨트립으로 이미 결제했던 아파트형 호텔인 루이펑호텔이다. 중형, 대형, 초대형 등 아파트형 호텔은 규모가 다양하다.

체크인하고 들어간 룸의 내부는 가격에 비해 아주 깨끗하다. 아파트형 호텔이라서 간단한 부엌과 세탁기 등이 있다. 가성비가 높은 숙소였다.

춘시로

春熙路, Chunxi Road

마평워에서 청두의 핫플레이스는 춘시로다. 전철 2호선을 이용하여 춘시로역에 도착하여 지상으로 나오니 바로 넓은 보행가가 펼쳐진다. 고급 명품점이 많다. 프라다 매장 외벽에 대형 대왕판다 조각이 옥상으로 올라가는 모습이 인상적이다. 대왕판다는 쓰촨을 대표하는 동물이다.

각종 브랜드의 전문 상점도 많이 보인다. 상무부가 인정하는 중국 전통 명품 브랜드인 중화라오쯔하오(中华老字号) 상점도 여럿 보인다. 중국 명품 브랜드 가운데는 수백 년 역사를 가진 브랜드도 있다.

대형 백화점과 고급 호텔도 많다. 경제형 호텔인 치톈연쇄호텔도 보인다. 훠궈점과 패스트푸드점도 많다. 보행가는 사람들로 인산인해다. 젊은 층, 특히 젊은 여성이 많이 보인다. 상당수는 관광객으로 보인다.

ICBC
非机动车通行

중서부 최고의 상업거리

춘시로에는 네 개의 거리로 춘시동로, 춘시서로, 춘시남로, 춘시북로가 있다. 이 네 거리는 중산광장에서 만난다. 이를 기준으로 춘시동단, 춘시서단, 춘시남단, 춘시북단으로 지역을 구분한다. 한 거리에는 쑨중산의 동상이 서 있다.

〈신주간(新周刊)〉은 춘시로를 중서부 최고의 상업거리로 선정하기도 했다. 또한 홍콩 코즈웨이베이(铜锣湾), 상하이 난징로에 이어 중국 3위의 상업거리로 랭크하기도 했다. 춘시로 다음으로는 베이징 왕푸징(王府井), 타이베이 시먼딩(西门町), 우한 장한(江汉)로, 광저우 베이징로, 난징 후난(湖南)로, 정저우 더화(德化)가, 하얼빈 중양다(中央大)가가 뒤를 이었다.

여기서 상업거리 평가에 사용한 6대 지표는 미식, '미인의 정도(养眼)', 편리, 인기, 상업, 휴식이다. 6대 지표 가운데 흥미로운 지표는 '미인의 정도'다. 여기서 '미인의 정도'로 번역한 '양옌'이란 말은 재미있는 중국어 표현이다. 사전적 의미는 '눈을 보양한다'는 뜻이지만 여기서는 '미인을 보고 눈을 호강시킨다'는 뜻이다. 〈신주간〉은 미인이 많은 정도에서 춘시로를 따를 상업거리는 없다고 말한다.

미인이 가장 많은 도시

2018년 6월 〈상하이저널〉에서도 〈신랑칸덴〉을 인용하면서 청두는 중국의 배낭족 사이에서 '미인이 가장 많은 도시'로 선정된 바 있다. 그 가운데 춘시로는 '미인들이 자주 활보하는 거리'라고 한다. 배낭족이 뽑은 3대 도시 가운데 1위는 청두, 2위는 충칭, 3위는 하얼빈이었다.

홍위병이 출몰하던 판디로

춘시로의 역사는 중국 근현대사가 담겨 있어 무척 흥미롭다. 춘시로를 1924년에 본격적으로 조성한 인물은 의외로 군벌 양썬(杨森)이었다. 춘시로라는 명칭은 노자의 〈도덕경(道德经)〉에서 유래한다. 문화대혁명이 개시된 1966년에는 반제국주의 거리를 뜻하는 판디(反帝)로로 명칭이 변경되기도 했다. 춘시로는 청두에서 가진 특수한 위치 때문에 홍위병의 주요 활동지점이 되기도 했다. 나중에는 다시 춘시로라는 이름으로 돌아왔다. 춘시로가 다시 번성하게 된 계기는 1980년대 개혁개방이었다.

검증된 브랜드를 선호하는 도시

청두에는 스타벅스가 많이 보인다. 춘시로에서 더위를 피하고 휴식을 취하기 위해서 한 스타벅스에 들어갔다. 청두에는 촉나라 시대의 거리를 재현한 진리(锦里)라는 거리가 있다. 여기도 입구에 스타벅스가 있다. 고대 시대를 재현한 거리에 아메리카니즘을 대표하는 스타벅스의 존재는 흥미롭다.

충칭에도 스타벅스가 많다. 특히 충칭북역에는 다른 커피 전문점은 없는데 스타벅스가 두 군데나 있었다. 충칭의 해방기념비 번화가에도 스타벅스가 서너 군데나 있다. 다른 커피 전문점은 찾기 어렵다. 창사

나 난창에도 스타벅스가 많이 보이는 점은 마찬가지다. 필자는 여행을 하면서 지인을 만나거나 여행 메모를 정리하는 장소로 스타벅스를 자주 애용하였다. 이런 이유로 각 지역의 스타벅스 분포를 비교적 선명하게 알고 있다.

현지 중국인의 견해로는 남방의 중서부 사람들은 보수적이기 때문에 검증된 유명 제품만을 선호한다는 것이다. 그래서 커피 전문점으로 인지도가 높고 맛으로 검증된 스타벅스 커피를 주로 마신다는 것이다. 광저우, 선전, 주하이 등 주강 삼각주 도시에는 스타벅스 외에도 태평양커피, 만커피 등 다양한 커피 브랜드가 보이는 것과는 대조적이다.

삼국지 마케팅이 돋보이는 진리

마펑워에서 또 다른 핫플레이스인 진리에 가보았다. 진리는 제갈량의 사당인 무후사(武侯祠) 바로 옆에 있다. 진리는 촉나라 시대의 거리를 재현해놓은 곳이다. 삼국 시대를 마케팅에 활용한 것이다. 거리에 관광객이 엄청나게 많다. 서양인도 많이 보인다.

청두에는 삼국 시대와 관련된 브랜드나 명소들이 많다. 관광객 유치 전략으로 삼국 시대 촉나라의 제갈량, 장비, 유비, 관우 등을 마케팅에 적극 활용하고 있다.

윈난　　쿤밍昆明

윈난성云南省 **쿤밍시**昆明市

소개 : 윈난성의 성도, 지급시

마펑워 8대 명소 : 뎬츠滇池, 추이호翠湖, 윈난대학云南大学, 시산西山, 진마비지팡金马碧鸡坊, 다관공원大观公园, 쿤밍야생동물원昆明野生动物园, 진뎬金殿

기차역 : 쿤밍역(특등급), 쿤밍남역(특등급), 쿤밍북역(4등급)

공항 : 쿤밍 창수이长水국제공항

시내교통 : 전철(3개 노선), 버스를 이용하면 편리하다.

성장하는 관광도시

광저우 공항에서 쿤밍 공항까지는 한 시간 50분이 소요된다. 주하이나 광저우의 더위에 지쳤는데 쿤밍 공항에 내리니 우선 시원한 느낌이 들어 좋다. 쿤밍은 윈구이(云贵)고원이라는 고지대에 위치하여 '4계절 모두 봄 같다' 하여 춘성(春城)이라 하지 않았던가?

공항버스를 타고 씨트립으로 예약한 윈라이호텔로 갔다. 쿤밍은 자체에 많은 관광지를 보유하고 있고 윈난의 다른 도시로 가는 교통중심지다. 다시 말하면 쿤밍은 소비 혁명과 교통 혁명에 따라 가장 급속히 성장하는 관광도시 가운데 하나다. 그래서인지 가는 길에 큰 호텔이 많이 보인다. 윈라이호텔은 여러 동의 건물을 가진 큰 호텔이다. 주변에도 호텔이 많고 신축 중인 호텔도 많다.

디디추싱의 간단한 영업 요건

호텔에 짐을 두고 쿤밍 전철역으로 가기 위해 디디추싱으로 콰이처를 불렀다. 디디추싱의 콰이처는 일반 자가용과 다를 바 없다. 누구든 자가용과 휴대폰만 갖고 있으면 디디추싱에 등록하여 콰이처를 운행할 수 있을 정도로 콰이처 영업을 할 수 있는 요건은 간단하다.

쿤밍 뤄쓰완 국제상업지구

昆明螺蛳湾国际商贸城, Kunming Luosiwan International Trade City

쿤밍역 바로 옆에 거대한 규모의 상업건물군이 보인다. "쿤밍 뤄쓰완 국제상업지구"란 간판이 보인다. 바로 옆에 쿤밍 남부버스터미널도 있다. 내부로 들어가니 헤아릴 수 없을 정도로 많은 도매점이 즐비하다. 국가 4A급 관광쇼핑지구라는 간판도 있다. 쇼핑지구가 국가 4A급 관광지구라니? 상당히 놀랍다. A구역부터 G구역까지 있다. A구역은 가죽제품, B구역은 여행용 신발, C구역은 가죽제품과 가방, D구역은 브랜드 의류, E구역은 양모 스웨터와 브랜드 아동복, F구역은 아동복과 신발 등의 안내판이 있다. 5층 정도 되는 건물이 수백 미터에 이를 정도로 길다. 각 구역 모두 대단히 크다. 은행, 슈퍼마켓, 식당 등에 대한 안내판도 있다. 한국 평수로 2~3평 정도 되는 도매점이 헤아릴 수 없을 정도로 많다.

60만 명을 고용하고 있는 10만여 점포

밖으로 나가서 한참 걸어가니 다른 초대형 상업건물도 많이 보인다. 많은 도시에서 초대형 도매점상업지구를 보았는데, 이곳은 필자가 본 가장 큰 규모의 도매시장 가운데 하나였다. 한 동의 건물에 쿤밍 뤄쓰완 국제상업지구에 대한 소개가 있다. 이 상업지구는 2008년

에 윈난성과 쿤밍시가 상인을 모으고 투자를 유치하기 위한 중점 프로젝트였다. 뤄쓰완의 총건축면적은 1,900만 제곱미터다. 어마어마한 면적이다. 이 가운데 물건을 파는 도매시장지구가 점하는 면적은 5,705무(亩)다. 1무는 중국식 면적의 단위인데 666.67제곱미터 정도 된다.

여기에는 도매지구만 있는 것도 아니다. 그 밖에 창고물류지구는 1,000무, 소상품 생산 · 가공지구는 9,600무 등이다. 10만여 개의 상점이 입점하고 있고, 1,500개 이상의 생산 · 가공 기업이 소상품 생산 · 가공지구에 들어가 있다. 뤄쓰완의 총취업인구는 60만 명에 이른다. 엄청난 고용창출이다.

서부 대개발과 중국-아세안 경제협력이 계기

뤄쓰완 국제상업지구의 전신은 1980년대 말기의 '뤄쓰완 일용상품 도매시장'이다. 이 도매시장이 오늘날의 규모로 발전하게 된 계기는 서부 대개발과 중국-아세안 경제협력이라는 국가 발전 전략 아래 도시 건설과 산업 구조조정 그리고 상업, 무역, 유통의 발전을 꾀한 프로젝

트 덕분이다. 뤄쓰완 국제상업지구는 계속 규모가 확대되다가 2011년에 저장 이우시의 국제상업지구에 이어 두 번째로 국가 4A급 관광지구로 승격되는 대형 상업지구가 되었다.

이우 모델

뤄쓰완 국제상업지구의 중요한 특색은 이우 모델을 기초로 윈난 특성을 결합한 것이다. 이우를 간략히 소개하면, 이우는 저장성 진화시가 관할하는 현급시로, 2016년 말 기준으로 호적인구가 95만여 명에 불과한 소도시다. 교통도 불편하고 자원도 부족하다.

하지만 이우는 세계 최대의 소상품 집산지라는 명성을 갖고 있다. 바로 '이우 중국 소상품지구(义乌中国小商品城)' 때문이다. 이 점이 이우 모델의 중요한 특성이다. 뤄쓰완 국제상업지구는 이우 모델을 기초로 윈난 특색을 추구하는 초대형 소상품 집산지다. 쿤밍이 윈난을 넘어 동남아로 가는 상업중심지임을 알 수 있다. 역사적인 차마고도의 시발점답다.

뎬츠

滇池, Dian Lake

윈난성의 대표적인 호수는 뎬츠와 얼하이다. 광시의 젖줄은 주강 지류이지만 윈난의 젖줄은 란창(澜沧)강과 창(长)강 지류다. 윈난의 이 두 호수도 모두 란창강 지류의 수원이다.

쿤밍시에 위치한 뎬츠는 디디추싱으로 시 중심부에서 40위안 정도 요금이 나오는 거리에 있다. 해발 1,886미터, 면적이 330제곱킬로미터인 윈난성 최대의 담수호다. 중국 최대의 염호는 칭하이성에 있는 칭하이호인데 그 면적은 4,340제곱킬로미터다. 중국 최대의 담수호는 장시의 푸양(鄱阳)호로 그 면적은 3,969제곱킬로미터다. 칭하이호와 푸양호 둘 다 면적이 뎬츠보다 열 배 이상이다.

뎬츠의 하이겅(海埂) 공원으로 가보았다. 호수 주위를 걸어보니 호숫가에 녹조가 보인다. 대도시에 위치한 호수라서 그런지 수질이 좋지 않다. 현지인의 말로는 최근 수질오염이 개선되었다고 한다.

윈난 민족대관원

云南民族大观园, Kunming Daguan Park

국가 4A급 관광지인 윈난 민족대관원은 한 장소에서 윈난 문화를 경험할 수 있는 대표적인 관광지다. 정문으로 들어가니 윈난 다례문화원(云南茶礼文化园)이 보인다. 이 건물을 오르내리는 엘리베이터 중간에 차마고도 시대에 윈난 차를 싣고 가는 말과 사람 조각상이 있다. 전시관 내부에도 유사한 조각상이 보인다. 푸얼차를 만드는 과정이 사진과 그림으로 잘 전시되어 있다. 다양한 푸얼차 판매점도 있다. 윈난 다례문화원은 한마디로 말하면 푸얼차박물관이다.

대관원의 중심에는 큰 못이 있다. 소망을 비는 못이라는 뜻인 쉬위안츠(许愿池)다. 못의 중간에 중국 역사에 나오는 각종 위인의 조각상이 있다. 삼국지에 나오는 유비와 관우, 장비의 조각상도 보인다. 못 주변에는 비취예술관 등 각종 전시관도 있다.

못 주변에 각종 상점도 즐비하다. 여기서도 예외 없이 치차이윈난(七彩云南) 푸얼차 상점이 보인다. 치차이윈난은 1992년에 쿤밍에서 창립한 쿤밍눠스다그룹(昆明诺仕达集团)의 브랜드다. 쿤밍눠스다그룹은 차 사업뿐 아니라 보석, 여행, 숙박외식, 부동산 등의 사업으로도 유명하다. 이 회사의 브랜드는 윈난에서 가장 쉽게 볼 수 있다.

이웃 상점에서는 윈난 소수민족인 다리족이나 나시족의 음식과 과자, 기념품을 판매하고 있다. 윈난 고유 브랜드의 담배를 판매하는 상점도 있다. 상점마다 꼼꼼히 들여다보면 윈난 소수민족 문화 공부가

될 정도다.

주샹 관광지

九乡风景区, Jiuxiang Scenic Region

주샹 관광지는 쿤밍시 교외의 이량현 주샹이족회족자치향에 있다. 중국의 현은 한국의 군에 해당하고, 향은 한국의 면에 해당하지만 실제 규모는 한국보다 크다. 쿤밍시 중심에서 버스로 잘 포장된 시골도로를 두 시간 30분 정도 달리니 주샹 관광지가 나온다.

도착하자마자 입구에서부터 주샹을 촬영지로 한 영화의 안내판이 여러 개 보인다. 한국의 여배우 김희선이 한중 합작으로 출연한 영화를 설명하는 안내판도 보인다. 워낙 아름다운 자연관광지이니 영화 촬영지로 많이 활용되고 있다. 주샹 관광지가 4A급 공인관광지라는 소개도 보인다. 입장료가 90위안으로 좀 비싸다.

정문으로 들어가니 여러 협곡으로 가는 방향을 알리는 표지판이 보인다. 시숑페이폭포(雌雄飞瀑), 이족마을(彝家寨), 선텐(神田) 등의 방향을 알리는 표지판이다. 주샹 관광지에는 그 밖에도 인추이샤(荫翠峡)나 징훈샤(惊魂峡) 같은 아름다운 협곡도 있다.

중국 3대 종유굴 중 하나

시간이 제약되는 관계로 중국 3대 종유굴 중 하나인 주샹종유굴만 가보기로 했다. 종유굴은 지하수가 석회암을 용해하여 형성된 동굴을 말한다. 혹자는 주샹종유굴에 대해서 중국에서 규모가 가장 크고 수량이 가장 많고 형태가 가장 기묘하다고 한다.

동굴 천장에 달린 종유석과 바닥의 석순이 기묘하다. 다양한 빛깔의 조명을 비춘 석순과 종유석은 신비롭기조차 하다. 완전히 다른 세계

다. 중국의 조명이 세계 수준급이라는 사실도 확인할 수 있었다.

조그만 못도 있다. 못 옆에는 영화배우 청룽(成龙)이 영화를 촬영했던 장소라는 안내판이 보인다. 이 못에는 눈이 없는 물고기인 맹어가 살고 있다. 아주 진귀한 물고기라 한다. 출구로 나오면서 정말 중국 최고의 종유굴이라고 할만하다는 생각이 든다. 내려갈 때는 삭도를 이용했다. 삭도의 길이는 1킬로미터에 이르며 현기증이 날 정도로 높다. 삭도에서 보이는 주변 협곡이 무척 아름답다.

무진장한 관광자원

쿤밍과 난닝 그리고 윈난과 광시는 몇 가지 점에서 비교가 된다. 쿤밍은 훌륭한 관광자원으로 꽉 차 있다. 쿤밍은 난닝보다 관광산업의 비중이 더 크다. 반면 난닝은 관광자원에서는 쿤밍보다 뒤진다. 난닝은 대신 해외무역 교류를 강화하고 교외를 무역전시관 등으로 채우는 전략을 취하고 있다. 특히 난닝은 최근 동남아 국가와의 무역을 중시하는 전략을 취하고 있다.

성 전체 차원으로 확대해서 비교해도 쿤밍 - 난닝의 비교와 유사하다. 윈난은 어디나 관광자원을 많이 보유한 성이다. 광시도 많은 관광자원을 보유하고 있지만 윈난에 비해서는 좀 떨어진다. 그래서 경제에서 관광산업이 차지하는 비중에서는 윈난이 광시보다 좀 앞선다. 대신 광시는 지경학적 이점을 활용해서 최근 일대일로의 통로 역할을 하는 것으로 보인다.

윈난 다리바이족자치주 大理白族自治州

윈난성云南省 **다리바이족자치주**大理白族自治州

소개 : 청사는 다리시大理市에 있다.

마펑워 10대 명소 : 다리고성大理古城, 얼하이洱海, 시저우고진喜洲古镇, 사시고진沙溪古镇, 눠덩고진诺邓古镇, 스바오산石宝山, 츠비호茈碧湖, 숭성사崇圣寺, 창산설苍山雪, 톈룽바부天龙八部

기차역 : 다리역(1등급)

공항 : 다리大理 공항

시내교통 : 버스와 택시, 디디추싱이 편리하다. 전철은 없다.

윈난성에는 중국의 56개 민족 가운데 52개 민족이 거주한다. 중국에서 다양한 소수민족의 특성을 확인하기에 가장 적절한 지역은 단연 윈난성이다. 쿤밍에서 출발하여 다리와 리장을 탐방하기로 했다. 리장을 가기 전에 먼저 다리를 경유하는 것이 순서다.

다리는 윈난 서부의 중요한 관광지다. 리장-샹그리라 방면으로 가려면 경유해야 하는 도시이기도 하다. 쿤밍에서 다리까지 장거리 버스로 대여섯 시간이 소요된다. 과거 차마고도 시절에 수개월이 걸리던 거리다. 오늘날 중국의 교통 혁명은 고속철과 항공, 고속도로, 일반도로, 전철, 시내도로 등 광범위한 영역에서 나타나고 있다.

다리바이족자치주

쿤밍에서 추시옹이족자치주를 통과하고부터는 차창 밖으로 흰색 주택을 쉽게 볼 수 있다. 다리바이족자치주에 접어든 것이다. 전통복장과 가옥에서 흰색을 주로 사용하여 바이(白)족이라 한다. 우리도 과거에 흰색 옷을 많이 입어서 백의민족이라 칭하던 것과 마찬가지다.

얼하이

洱海, Erhai Lake

다리바이족자치주 핫플레이스인 얼하이는 다리시에 위치한다. 면적이 256.5제곱킬로미터다. 바다(海)란 글자가 들어가지만 얼하이는 담수호다. 윈난성에서는 뎬츠 다음으로 제2의 담수호다. 버스로 호수 주변을 달리면 길이가 무척 길다. 실제 그 길이는 42.58킬로미터에 이를 정도로 기다란 모양이다. 얼하이는 눈부실 정도로 파란빛을 띠고 있다. 수질오염이 거의 없다는 것을 알 수 있다. 개발된 대도시의 호수인 뎬츠

와 자연 그대로의 호수인 얼하이가 비교된다.

다리고성

大理古城, Dali Ancient City

마펑워에서도 다리고성은 가장 많은 여행후기가 달려 있다. 2017년 10월 12일 6,900명이 총평을 올렸고 2,175명이 여행후기를 올렸다. 물론 "재미가 없다" 등 부정적인 평가도 많지만, 다리에서는 최고의 핫플레이스임은 분명하다.

당송 시기 윈난의 중심

다리고성은 고대 난자오(南诏)국과 다리국의 도성으로서 이들 역사가 가장 잘 담긴 장소다. 당송 시기에 다리 지역에는 난자오국과 다리국이 연달아 건립된다. 중국 한족은 이 국가들을 중국의 지방정권으로 보고 있다. 당나라 때인 739년에 난자오국은 다리고성에서 7.5킬로미터 떨어진 타이허성을 도읍으로 정한다. 이후 다리고성으로 천도하였다.

902년에 난자오국은 멸망하고 937년에 돤쓰핑(段思平)은 다리고성을 도성으로 하여 다리국을 건국하였다. 이때부터 원나라가 1253년에 다리국을 점령할 때까지 다리고성은 당송 시기 300여 년간 윈난의 정치, 경제, 문화의 중심이었다. 이후 원나라와 다리국 간의 전쟁으로 다리성은 크게 훼손되었다고 한다. 명나라 군대가 다시 다리를 점령한 때는 1382년이었다. 다리는 명나라의 행정구역으로 개편되었다. 이때 축조된 성이 바로 지금의 다리고성이다.

명나라 때 축조한 난청루

매표소에서 입장권과 관광전동차 표를 구입했다. 다리고성의 규모가

크기 때문에 관광전동차를 이용하는 것이 덜 피곤하다. 다리고성의 매표소에서 관광전동차를 타고 먼저 도달한 곳은 관광안내센터다. 여기서 일정 수의 관광객을 모아 가이드가 안내를 한다. 가이드는 흰색의 바이족 전통복장을 하고 있다. 가이드에게 물어보니 실제 이들은 바이족이라고 한다.

안으로 들어가자 먼저 난청루(南城楼)가 보인다. 다리고성에서 가장 유명한 건축물이다. 다리고성에는 네 개의 문이 있다. 그중 가장 큰 문은 난청루다. 명나라 홍무제(洪武帝)가 다리국을 점령하던 때인 1382년에 이 성문은 처음 건립되었다. 성문 바로 위에 글자가 보인다. 노란색의 "大理"라는 글자가 선명하다.

다리시 박물관도 보인다. 바이족 전통복장을 한 젊은 여성 둘이 관광객과 무료로 기념사진을 찍는 모습도 보인다.

외국인거리 양런가

박물관을 관람하고 나서 올라탄 관광전동차는 양런(洋人)가로 접어들었다. 외국인거리다. 중국의 유명 관광지에는 양런가라는 명칭의 거리가 종종 보인다. 외국인이 좋아하는 카페나 라이브바 등이 즐비하고 서양풍의 분위기를 풍기는 거리다. 외국인들이 낮에는 관광지를 참관하고 밤에는 양런가의 카페나 라이브바에서 시간을 보낸다. 양런가에

서 전통 수공예품이나 각종 물품에 대한 쇼핑을 하기도 한다. 대표적으로 구이린 양쉬의 양런가가 있다.

다리고성의 양런가는 중국에서 가장 오래되고 유명한 양런가 중의 하나다. 원래 다리고성의 양런가는 후궈(护国)로로 불렸다. 민국 초기 위안스카이(袁世凯)가 스스로 황제로 칭하려는 것에 반대해서 군사를 일으켜 국가를 보호하려고 했다는 데서 이런 이름이 유래하였다.

다리고성의 다른 명소를 참관하고 저녁에 양런가에 다시 와보니 많은 외국인들이 모여들고 있다. 중국이 유명 관광지에 양런가를 조성하여 외국인을 끄는 전략은 성공했다. 특히 밤 시간에 외국인들이 안전하게 즐기는 장소를 제공한다. 양런가처럼 유명 관광지에 다양한 거리를 조성하는 전략은 우리가 벤치마킹할 만하다.

우화루

그 밖에 다리고성은 몇 개의 유명한 건축물이 있다. 우화루(五华楼)는 처음에는 난자오국의 국빈관이었다. 원나라 세조(世祖)가 다리를 정복할 때 이 건축물 앞에 군사를 주둔했던 것으로도 유명하다. 명나라 초기에 우화루는 전쟁으로 불타버렸다. 현재의 건축물은 명나라 홍무제 때 다시 중건한 것이지만 난자오국 시대의 우화루에 비해서는 훨씬 작은 규모로 중건되었다고 한다. 이로부터 난자오국 시대의 우화루를 상상해보면 당시 국력을 짐작할 수 있다.

소수민족의 삶을 뒤바꾸는 중국인의 여행 붐

고성의 거리에는 소수민족의 수공예품, 전통의상점, 음식점, 스낵점 등이 즐비하다. 고성의 규모는 대단히 크다. 소상인과 수공업자의 수도 엄청나다. 상당수의 소수민족이 이런 상점을 운영하거나 여기에 진열된 상품의 수공업자로 생계를 이어가고 있다.

중국인들은 해외뿐만 아니라 그동안 가보지 못했던 중국 내륙지역으로 여행하고 있다. 윈난의 소수민족들은 원래 1차 산업에 종사하거나 전통적인 생활방식을 고수하는 경우가 많았다. 그러나 중국인의 폭발적인 여행 붐은 소수민족의 삶을 송두리째 바꾸었다. 윈난은 최근 다른 지역보다 폭발적인 인기를 누리는 관광지역으로 탈바꿈하였기 때문에 소수민족의 삶의 변화는 더욱 클 것으로 생각한다.

다리의 바이족들이 여행객의 급증으로 얼마나 혜택을 누리는지는 좀 더 실증적인 분석이 필요하다. 관광산업으로 얻는 바이족의 혜택을 정확하게 평가하기는 어렵다. 바이족 내에서도 시장경제의 적응능력에 따라 계층분화가 있을 것이다. 시장경제에 발 빠르게 적응한 사람들은 새로운 돈벌이 기회를 잡았을 것이다. 하지만 시장경제에 미숙한 바이족들은 더 큰 상대적 박탈감을 느끼고 있을 것이다.

02
02

윈난 리장丽江

윈난성云南省 **리장시**丽江市

소개 : 지급시

마펑워 5대 명소 : 루구호泸沽湖, 리장고성丽江古城, 위룽설산玉龙雪山, 수허고진束河古镇, 쓰팡가四方街

세계문화유산 : 리장고성(1997)

기차역 : 리장역, 라스하이拉市海역

공항 : 리장 싼이三义공항

시내교통 : 버스나 디디추싱이 편리하다. 전철은 없다

윈구이고원

云贵高原, Yunnan-Guizhou Plateau

리장은 다리시와 함께 남방도시 가운데 관광형 소수민족 도시로 분류할 수 있다. 쿤밍에서 다리를 경유하여 리장까지는 버스로 총 아홉 시간이 걸린다. 도로가 잘 건설되어 있다. 고대 차마고도 시절에 쿤밍-리장은 몇 개월 걸리는 거리였다. 다리에서부터 도로는 2차선으로 바뀌었다. 리장으로 가는 도로 주위에는 큰 산맥이 구름 사이로 희미하게 보인다. 구름이 걷히면서 웅장한 산맥이 펼쳐진다. 만년설산의 장관이다. 윈구이고원의 산맥이다. 윈구이고원의 진면목을 보는 것 같다. 하지만 달리는 버스 안이라서 설산의 가장 아름다운 장면을 사진으로 제대로 담지는 못했다.

윈구이고원은 중국 4대 고원 가운데 하나다. 나머지 세 개는 칭짱(青藏)고원, 네이멍구(内蒙古)고원, 황투(黄土)고원이다. 윈구이고원은 윈난 동부, 구이저우 전부, 광시 서북부, 쓰촨과 후베이와 후난의 변경에 걸쳐 있다. 쿤밍과 구이양, 리장 등을 포괄하는 넓은 고원이다. 해발 400미터에서 3,500미터 사이의 높이인 윈구이고원은 우멍(乌蒙)산을 경계로 윈난고원과 구이저우고원으로 나뉜다. 윈난고원에는 위룽(玉龙)설산, 메이리(梅里)설산, 하바(哈巴)설산을 비롯한 만년설산이 많다.

리장고성

丽江古城, Lijiang Old Town

윈구이고원에 위치한 리장고성은 과거 융성했던 나시(纳西)족 국가를 잘 보여준다. 리장은 고대에는 차마고도로 가장 융성했던 도시이자 가장 유명했던 도시다. 고성 입구는 여러 개가 있다. 그 가운데 하나로 들어가니 입구 옆에 있는 물레방아가 이색적이다. 입구 문에는 "세계문화유산 리장고성"이라는 글귀가 있다. 리장고성은 산시의 핑야오(平

遥)고성과 함께 세계문화유산에 등재된 고성이다. 중국에는 세계문화유산에 등재된 고성은 둘뿐이다. 다리고성은 아직 세계문화유산이 아니다.

리장고성은 송말, 원초 13세기 후기에 리장 나시족 족장이었던 무(木)씨가 통치의 중심을 바이사(白沙)고진에서 리장고성 지역으로 이전하면서 처음 건립되었다. 1253년 몽고군이 남쪽을 정벌할 당시 나시족 족장이 몽고군에 투항하면서 원나라의 행정체계로 편입된 것으로 보인다. 나시족 족장은 원나라와 협력하면서 리장고성을 건립하고 이를 중심으로 나시족을 통치한다. 이때부터 나시족과 리장은 중국의 행정체계로 편입된 것으로 보인다.

관광의 메카

리장은 2016년 말 상주인구가 128만 5천 명인 지급시다. 고성구와 4현이 있다. 네 현 가운데 하나는 위룽나시족자치현이다. 리장은 중국우수관광도시, 중국 10대 레저도시, 중국 10대 매력도시로 지정될 정도로 윈난에서도 많은 관광자원을 가진 도시로 평가된다. 관광의 메카라 할만하다.

위룽설산

玉龙雪山, Jade Dragon Snow Mountain

리장고성에서 한 시간 정도의 거리에 위룽설산이 있다. 위룽설산은 윈난고원의 대표적인 설산이다. 위룽설산 주봉의 오른편 아래에 위치한 윈산핑(云杉坪)은 위룽설산의 일부이며 삼나무 원시림으로 둘러싸인 거대한 초지다. 위룽설산으로 가는 길에 현지인이 고산지대라서 산소통이 필요하다 하여 50위안을 주고 산소통을 구입하였다.

윈산핑은 위룽설산의 기슭에서 케이블카를 타고 오를 수 있다. 케이블카에서 내리니 해발 3,240미터에 거대한 초지를 볼 수 있다. 좀 걸어서 들어가니 뒤편에 해발 5,596미터에 이르는 위룽설산 주봉의 웅장한 모습이 보인다.

리장의 많은 곳에 나시족의 전설이 있듯이 위룽설산과 윈산핑도 그렇다. 윈산핑은 나시어로 '정사의 땅(情死之土)'으로 불리기도 한다. 나시족의 전설에 따르면 윈산핑은 사랑하는 남녀가 사랑을 이루지 못하고 자살한 곳이다.

정상으로 가는 케이블카 삭도

위룽설산의 케이블카는 설산의 기슭에서 출발한다. 3,356미터인 윈산핑까지 가는 케이블카가 있다. 윈산핑에서 위룽설산 주봉 부근인 4,506미터까지 가는 케이블카도 있다. 수직고차는 1,150미터에 이른다.

후난 장자제시 톈먼(天门)산에는 7,455미터에 이르는 세계 최장이라는 케이블카 삭도가 있다. 수직고차는 1,279미터에 이른다. 가격은 258위안이며 승차 시간은 28분이다. 현지인의 설명에 따르면 케이블카 선을 세계 최장으로 만들기 위해서 산기슭이 아니라 도시 안에 케이블카 승강장을 만들었다고 한다. 이 케이블카는 톈먼산의 정상 부근까지 이른다.

개발주의에 물든 중국의 명산

중국에는 케이블카로 정상 부근까지 갈 수 있는 명산이 많다. 중국은 돈 되는 케이블카라면 서슴지 않고 개설한다. 반대할 환경단체도 없다. 토지도 국유제라서 국가가 쉽게 토지를 수용해서 개발한다. 개발하면 엄청난 관광수익을 창출할 수 있다. 중국 명산 입장료는 비싼 편이다. 케이블카로 명산의 접근성을 높이면서 입산 요금과 케이블카 탑승료로 이중으로 수입을 얻는 것이다.

국가는 각종 개발에 열을 올리고 있다. 지방정부도 이에 가세하고 있다. 관광수입이 가져오는 자본의 이익만이 아니라 일자리 창출의 효과 때문에 개발주의는 더욱 정당화된다.

한국과 비교하면 중국의 개발주의 특성은 더욱 뚜렷하다. 한국은 케이블카를 설치하려면 환경단체의 반대를 극복해야 한다. 시장성이 충분한 명산도 많지 않다. 케이블카를 설치하는 것이 좋다, 나쁘다를 주장하자는 것이 아니다. 명산 개발에서 한국과 중국의 차이점이 보인다.

바이수이허

白水河, Baishui River

윈산핑 아래 위룽설산 관광지구 내부에서 운행하는 버스를 타고 조금만 내려오면 바이수이허에 도착한다. 바이수이허는 오염이 전혀 없는 자연 그대로의 강이다. 호수 밑바닥에 석회질이 쌓여 있어 비가 오면

흰 빛깔이라서 바이수이허다. 맑을 때는 파란 물빛을 띠어 란웨구(藍月谷)라 부르기도 한다. 쓰촨의 주자이거우(九寨沟)를 닮아 '작은 주자이거우'라고도 한다.

바이수이허는 리장시 중심부에서 버스로 한 시간 걸리는 위룽나시족자치현의 위룽설산 명승구의 기슭에 있다. 위룽설산의 눈이 녹아 흘러내려 생긴 강이다. 설산에서 내려온 물이라서 오염 없는 강이다. 비취색을 띠어 신비롭다. 여기저기 신랑 신부가 웨딩드레스를 입고 사진 촬영에 바쁘다.

바이수이허는 지역 소수민족인 나시족 문화의 발원지다. 윈난의 강은 란창강 아니면 창강의 지류가 많은데, 바이수이허는 창강 상류인 진사(金沙)강의 지류다. 진사강은 1930년대 홍군이 대장정을 하면서 어렵게 건넜던 강으로 유명하다. 바이수이허는 소수민족의 많은 이야기를 간직하고 있다.

윈난 시솽반나다이족자치주 西双版納傣族自治州

윈난성云南省 **시솽반나다이족자치주**西双版納傣族自治州

소개 : 자치주 정부는 징훙시景洪市에 있다.

마펑워 4대 명소 : 시솽반나열대식물원西双版纳热带植物园, 만팅공원曼听公园, 왕톈수공원望天树公园, 시솽반나다이족촌西双版纳傣族园

기차역 : 징훙역(2020년 완공)

공항 : 시솽반나 가사嘎洒국제공항

징훙시 시내교통 : 택시나 디디추싱이 편리하다. 전철은 없다.

한 시간 거리로 단축된 쿤밍-징훙

광저우에서 시솽반나다이족자치주의 징훙에 가기 위해서는 쿤밍을 경유해야 한다. 광저우 바이윈공항에서 쿤밍 창수이공항까지는 두 시간 50분이 소요된다. 윈난은 성 전체가 관광지라 할 정도로 관광업을 주요한 산업으로 하는 서부의 성이다. 이런 윈난성의 중심공항인 창수이국제공항의 규모는 예상보다 컸다. 중국 대부분의 도시는 이 공항을 경유해서 윈난의 다른 지방 도시로 이동한다.

2시간가량 공항에서 대기하다가 징훙행 비행기에 탑승했다. 창수이국제공항에서 징훙 가사공항까지는 한 시간이 걸린다. 과거 차마고도 시절에 수개월이 걸렸던 길이 이제는 한 시간으로 단축된 것이다. 버스로도 몇 시간이면 쿤밍에서 징훙까지 갈 수 있다. 교통 혁명이 놀랍다.

소수민족 인구의 비율이 높은 시솽반나

시솽반나의 주정부가 있는 징훙시는 시내에 란창강이 흐른다. 동남아에서는 란창강을 메콩강이라고 부른다. 시솽반나는 상주인구가 2016년에 117만 2천 명이며, 이 가운데 소수민족 인구가 76만 9,500명에 이른다. 소수민족 인구의 비율이 대단히 높은 지역이다.

시솽반나의 특성을 알기 위해서는 먼저 다이족의 역사를 알아야 한다. 따라서 첫 행선지로 징훙시에 있는 만팅(曼听)공원을 택했다. 마펑워에서도 만팅공원은 시솽반나의 인기순위 1위의 핫플레이스다. 징훙시내 중심에 있는 숙소에서 만팅공원까지는 디디추싱 콰이처 요금으로 7위안에 불과하였다. 크지 않은 도시인 징훙에서는 디디추싱으로 어디를 가도 15위안을 초과하지 않는다. 이동하기에 무척 편리한 도시다.

만팅공원

曼听公园, Manting Park

7백 년의 역사를 가진 다이왕의 정원

만팅공원은 과거 다이(傣)왕의 정원인 위화원(御花园)이다. 멍러(勐泐)왕국 시대에 왕과 족장들이 꽃을 즐기면서 놀았던 장소였다. 멍러왕국의 8대 왕인 자오아이(召爱)가 건립하기 시작한 정원이다. 7백 년의 역사를 가진 곳이다. 입장료 50위안을 지불하고 정문으로 들어가자 왼편에 고대 다이족 왕의 대전이 보인다. 황금색의 3층 높이로 태국에서 본듯한 건축 양식이다. 다이왕이 집무를 보던 큰 홀에 다이왕의 황금색 왕좌가 놓여 있다. 그 옆에는 다이왕의 침궁도 있다.

안내표지판의 설명에 따르면 시솽반나는 과거에 멍러라 불렸고, 이 지역의 다이(傣)족은 스스로를 다이러(傣泐)라 칭하였다. 당시 멍러국의

국력이 강성했던 것으로 평가하고 있다. 그 단적인 예로 이 당시 인구가 8백여만 명에 이르렀으며 전투용 코끼리가 9천여 마리에 달하였다고 설명한다. 이 당시에 그 정도의 인구와 전투용 코끼리를 보유하였다면 상당한 국력을 가진 연맹국가임이 틀림없다. 안내표지판에 구체적인 수치를 제시했다면 나름대로 근거가 있을 것이다. 이 수치대로라면 멍러국이 시쐉반나를 포함해서 윈난의 남부까지 포괄하는 상당히 규모가 큰 국가였던 것으로 추정된다.

행정구역 개편의 역사

1292년에 멍러는 원나라에 복속되어 원나라의 행정구역으로 편제되었다. 이때부터 사실상 시쐉반나 지역은 중국 내지 왕조와 멍러왕이 공동 통치하였거나 아니면 중국 내지 왕조와 조공 관계였던 멍러왕국이 통치하였던 것으로 추정된다. 중국에 편입된 시점은 중국 공산당 군대가 진주하였던 1950년 2월이었다. 1953년에는 시쐉반나자치구로 편제되었다. 이후 1957년에는 시쐉반나자치주로 개명되어 오늘에 이른다.

저우언라이 동상의 의미

만팅공원의 중앙광장에는 저우언라이의 기념동상도 보인다. 동상 옆에는 저우언라이가 1961년에 푸쉐이(潑水)절에 참가한 것을 기념한다는 큰 글귀가 한편에는 중국어로, 다른 한편에는 다이족어로 쓰여 있다. 다이족 복장을 한 저우언라이의 전신 동상은 왼손에 물 사발을, 오른손에 평화를 상징하는 올리브 가지를 들고 있다. 푸쉐이절에 참가하던 모습 그대로다.

중국인들 가운데 상당수는 마오쩌둥보다 저우언라이를 더 존경한다는 사실은 잘 알려져 있다. 시솽반나의 전통풍속인 푸쉐이에 참가하는 저우언라이의 동상을 만팅공원의 중앙에 건립함으로써 중국 정부는 이 지역에서 소수민족과 중국의 화합을 강조하고자 했을 것이다.

동상 왼편에는 태국 공주가 심은 두 그루의 보리수가 있다. 중국은 시솽반나의 다이족뿐 아니라 태국과의 화합도 강조하고자 했을 것이다.

민속공연과 캠프파이어

중앙광장을 지나면 호수가 있다. 주변에는 각종 고대 건축물이 있고 한편에는 공연장이 있다. 이 공연장에서 저녁에 〈란창강 · 메콩강의 밤〉이라는 유명한 민속공연이 있다. 입장료는 280위안이다. 비싸지만 충분히 볼만하였다.

란창강과 메콩강 유역에는 중국, 라오스, 태국, 베트남, 캄보디아, 미얀마 등의 나라가 있다. 이 공연은 이들 국가들의 문화 특색을 모아놓았다. 시솽반나에 많이 거주하는 여섯 소수민족인 다이족, 지눠(基诺)족, 부랑(布朗)족, 라후(拉祜)족, 야오(瑶)족, 하니(哈尼)족의 풍속을 잘 표현한 것으로 평가받고 있다. 공연이 끝난 후 캠프파이어도 또 하나의 볼거리였다.

호숫가 한쪽에는 고기를 방생하는 정자가 있다. 우리가 하는 방생과 다르지 않다. 주변의 백탑과 대지여신도 볼거리다.

멍러왕이 참배하던 총불사

출구 옆에는 총불사(总佛寺)가 있다. 만팅공원의 입장권은 당일 유효하기 때문에 만팅공원의 출구로 나와서 총불사를 구경하고 다시 만팅공원으로 들어올 수 있다. 총불사는 대불사(大佛寺)와 함께 징훙시의 2대 남방 사찰이다. 외관부터 중국의 일반 사찰과 다르다. 1477년경에

건립된 총불사는 중국과 한국의 대승불교와는 다른 소승불교 건축 양식이다. 동남아에서 흔히 볼 수 있다.

총불사는 시솽반나의 사찰 중 최고로 등급이 높은 불사다. 과거에 멍러왕과 족장이 불상 앞에서 절하던 최고의 사찰이다. 시솽반나 각지 불사의 주지는 종종 이곳에 와서 참배하거나 다른 승려들과 의논하던 성지이기도 하다.

안쪽에는 대전과 불학원교루 등이 보인다. 대전 앞에 고루와 종루가 있는 것은 중국의 대승불교 사찰과 유사하다. 외관으로 보면 건물에 황금색을 많이 사용하고 있다. 대승불교 사찰에 비해 화려하다는 느낌을 준다.

만팅공원과 총불사는 다이 왕실 문화와 다이족의 불교 문화를 잘

보여준다. 시솽반나의 역사와 문화를 알기 위해서 먼저 탐방해야 할 장소임은 의문의 여지가 없다.

가오좡시솽징

告庄西双景, Gaozhuangxishuangjing

징훙 강북에서 최근 새로운 관광지로 떠오르는 가오좡시솽징은 대탑사(大塔寺)를 중심으로 호텔, 전통식당, 스낵점, 의류점, 기념품점, 보석상점, 다양한 가게 등이 밀집한 관광특구다. 가오좡시솽징의 입구로

들어가니 다이차팅이 보인다. 내부도 깨끗하다. 30위안을 주고 주문한 푸얼차는 2인이 마시기에 부족하지 않다. 남방에는 아직 커피가 보편화되지 않은 것 같다. 푸얼차는 커피의 대체재인 셈이다.

입맛에 맞는 다이족 음식

가오좡시솽징에는 다이족 식당이 가장 많이 보인다. 시솽반나에 거주하는 소수민족인 지눠족 식당에서는 공연도 한다. 그 밖에 충칭 식당, 후난 식당 등 각 지방의 식당도 보인다.

한 다이족 식당에 들어가 보았다. 다이족 쌈밥과 다른 다이족 요리를 몇 개 시켜보았다. 모두 입맛에 맞았다. 이번 여행에서 가장 입맛에 맞았던 음식은 시솽반나 다이족 음식이었다고 생각한다. 다이족은 태국과 같은 민족이다. 태국 음식이 한국인 입맛에 맞듯이 이와 유사한 다이족 음식도 훌륭했다. 기름기 많은 중국 음식을 계속 먹다가 맛본

다이족 음식은 새로운 맛이었다.

다양한 다이족 음식

다이족 음식은 다양하다. 육류나 수산물 등을 구운 음식인 샤오카오(烧烤)가 많았다. 파인애플을 재료로 한 음식도 많다. 파인애플밥은 속을 파낸 파인애플에 밥을 넣어두어 즙이 밥에 스며들어 새콤달콤하니 맛있다. 파인애플은 소화를 촉진하는 작용을 한다.

죽통밥은 대나무 속에 쌀을 넣어 찐 것이다. 다이족 쌈밥은 가장 별미였다. 한국의 쌈과 비슷하다. 양념을 바른 구운 고기나 생선을 상추에 싸서 먹는다. 가격도 저렴하다. 2인분에 100위안 정도였다. 기름기 많은 한족 음식과는 다른 맛이다.

대탑사

가오좡시솽징의 중앙에 위치한 대탑사에는 아름다운 탑이 있다. 탑 주위로 야시장거리, 기념품거리, 호텔거리 등 여러 거리가 있다. 어두워지자 탑은 다양한 색의 조명을 받는다. 주변의 거리도 조명을 받아 화려해진다. 대탑사 주변 야시장에 많은 인파가 몰리는 이유 가운데 하나는 이 야경에 있다.

대탑사를 건너 란창강 쪽으로 가면 간바이(赶摆)가가 있다. 기념품 가게, 식당, 술집 등이 즐비한 거리다. 어떤 술집에서는 다이족 공연도 볼 수 있다. 란창강을 사이에 두고 강변 양쪽에 야시장이 형성되어 있다.

윈난성은 풍부한 관광자원뿐만 아니라 관광 전략도 훌륭하다. 가오좡시솽징에서 관광객이 식의주행(食衣住行)을 모두 해결하도록 하는 전략이 엿보인다. 호텔과 식당도 가장 많은 지역이다. 징훙에서 저녁 이후로 사람이 가장 많이 몰리는 곳이다. 관광객 유치 전략에서 우리보다 한발 앞선 경쟁력이 있어 보인다.

강변 야시장

江边夜市, Night Market

강변 술집거리

다음 날 강변 야시장을 가보았다. 이른 시간이라서 야시장 상인은 아직 가게를 열 준비에 분주히 움직이고 있었다. 일단 란창강 변에 더 가까운 거리에 있는 강변 술집거리(江边酒吧街)부터 구경하기로 했다. 강변 술집거리도 조명이 하나씩 늘어나기 시작하고, 시솽반나대교도 아름다운 야경을 드러내었다. 마침 형형색색의 불을 켠 유람선이 지나가는 강 건너편에는 어제 본 가오좡시솽징의 야경이 빛을 발하고 있다.

야시장을 좋아하는 남방 사람들

다시 강변 야시장으로 돌아가니 많은 상인들이 영업을 시작했다. 태국 약, 푸얼차, 수석 기념품 등을 파는 가게가 이어진다. 수백 미터를 걸어가니 음식거리에 접어든다. 다이족 음식을 파는 가게가 많이 보인다. 샤오카오와 파인애플밥도 보인다. 다른 지방 음식을 파는 식당도 많이 보인다. 음식점에도, 거리에도 사람이 많고 시끌벅적한 분위기다. 야시장의 길이가 2킬로미터는 될 것 같다. 아주 길다.

징훙은 겨울이라도 춥지 않아서 여행하기에 안성맞춤이다. 강 건너편 야시장에도 사람이 많은 것은 마찬가지다. 남방 사람들은 정말 야시장을 좋아한다. 지역 일자리 창출에도 큰 기여를 한다. 사람을 모으는 데 란창강과 인근의 야경이 한몫을 하고 있다.

2017년 9월부터 수십 개의 남방도시를 탐방하면서 남방 사람들이 북방 사람들보다 야시장을 더 좋아한다는 사실을 느꼈다. 남방은 낮에 날씨가 너무 더워서 해가 진 후 식사를 하거나 물건을 사는 게 일상이 되었다. 겨울에도 야시장에서 추위를 느끼지 않고 쇼핑을 하거나

식사를 할 수 있는 지역이 많다.

야경은 도시의 경쟁력

중국 남방도시 어디를 가도 야경이 아름답다. 도시나 기업이 야경에 아낌없이 투자를 한다. 도시의 경제 수준이 낮아도, 중국의 전력 사정을 고려해도 그렇다. 시드니의 오페라하우스처럼 중국의 도시는 나름의 도시 상징물을 갖고 있으며 이들 상징물은 이야기를 갖고 있는 경우가 많다. 각 도시의 대표적 상징물의 야경은 특히 훌륭하다.

야경은 공공재다. 주변의 개별 3차 산업인 관광업, 상업 등을 발전시킨다는 점에서 공공투자다. 기업이 주도하는 야경도 있다. 이는 사유재이면서 사적 투자다. 중국에서는 야경에 대한 투자가 효과적임은 명확해 보인다.

홍색 관광

红色旅游, Red Tourism

혁명 시기를 테마로 한 식당

시솽반나 징훙시에서 란창강 야시장으로 가는 길에 점심을 해결하기 위해서 식당을 찾았다. 붉은색 외관이 흥미로운 식당이 하나 보였다. 홍색 식당이다. 정문 옆에 한손을 들고 있는 마오쩌둥의 동상이 눈에 띈다. 간판에는 "홍색 기술(红色记述)", "어려울 때를 기억하고 홍색 문화를 전승하자"는 붉은색 글귀도 보인다. 많은 홍색 식당은 후난 음식점이다. 이 식당도 후난 음식점이라는 표시가 있다.

내부로 들어가니 큰 홀이 있다. 붉은 칠을 한 벽면에 마오쩌둥의 전신 대형 초상화가 그려져 있다. 한편에는 1930~40년대 홍군의 권총네 자루가 전시되어 있다. 당시 지프차도 있다. 천장에는 붉은색의 큰 별이 몇 개 붙어 있다.

홍색 문화의 상품화

큰 홀에 여러 개의 테이블과 좌석이 있다. 옆에는 룸이 여러 개 있다. 각 룸에는 징강산(井冈山), 옌안(延安), 시바이포(西柏坡) 등 혁명 성지 이름이 붙어 있다. 허베이 스자좡에 소재한 시바이포는 1948년부터 중국 공산당 지도부가 당시 유명했던 3대 전투를 지휘했던 곳이다. 홍군 복장을 한 종업원이 바쁘게 홀의 테이블과 룸으로 움직인다. 허리에 모조 권총을 차고 있는 모습이 이채롭다. 서빙하는 쟁반의 밑바닥도 혁명을 연상시키는 그림이 있다. 혁명의 소재를 상품화한 것이다.

중국의 혁명 1세대는 이미 사망하였다. 이 식당에 오는 사람들은 대부분 중국 내전을 경험하지 못한 세대다. 하지만 그들의 부모 세대에게서 내전에 대해 많은 이야기를 전해 들었을 것이다. 학교에서 현대사 학습을 통해서 배우기도 했을 것이다. 그러므로 그들이 들었거나 배웠던 사실을 직접 확인하거나, 식당 안에서 식사하는 것만으로도 호기심을 충족할 수 있을 것이다.

마오쩌둥을 테마로 한 식당

홍색 식당은 남방도시를 여행하면서 자주 본다. 광시 난닝에서 본 사오산인샹(韶山印象)이라는 식당도 이름 그대로 인상적이다. 잘 알려진 것처럼 사오산은 마오쩌둥의 고향이다. 2014년에 창업한 광시난닝샤오산음식유한공사(广西南宁韶山印象餐饮有限公司)의 연쇄점이다. 이 식당도 후난 요리집이다.

벽면에는 마오쩌둥과 관련된 사진이나 그림이 잔뜩 붙어 있다. 붉은색 배경에 군복을 입은 마오쩌둥의 큰 사진과 사오산의 마오쩌둥 생가 사진도 있다. 〈추수의 희열〉이라는 제목의 그림에는 마오쩌둥이 추수하는 농민과 대화를 나누고 있다. 별 모양에 마오쩌둥 배지를 잔뜩 붙인 장식품도 있다. 모두 마오쩌둥에 대한 향수를 불러일으키는 것이다.

문혁 세대와 그 이후 세대

중국의 각 세대도 나름의 동일한 체험과 의식을 공유한다. 필자는 최근 〈중국의 세대구분과 세대별 특성〉이란 논문에서 중국의 세대를 반식민지 · 내전체험 세대, 문혁 1세대, 문혁 2세대, 개혁개방 세대(1968~79년), 독생 · 정보화 세대(1980년 이후)로 구분한 적이 있다. 반식민지 · 내전체험 세대는 현재 거의 사망하였다고 보아도 좋을 것이다.

1976년에 마오쩌둥은 사망하였다. 문혁 세대는 살아생전 마오쩌둥에 대한 기억을 대부분 갖고 있다. 이들은 이 식당에서 마오쩌둥을 회상할 것이며 마오쩌둥 시대에 대한 향수를 나눌 것이다. 마오쩌둥을 거의 경험하지 못한 세대는 개혁개방 세대나 독생 · 정보화 세대다. 이들도 민족주의적 정서를 가진다. 이들은 마오쩌둥에 대한 호기심을 갖고 있을 것이며 민족주의적 정서로 이 식당을 찾을지도 모른다.

문화대혁명을 테마로 한 식당

샤먼에서 본 라오즈칭(老知青)이라는 음식점은 후난 요리집이 아니다. 동북 지방 음식점이다. 소득 수준이 높고 일자리가 상대적으로 많은 남방에 후난인과 함께 동북인이 많이 이주해 있다. 이 점을 고려한다면 충분히 시장성이 있다.

종업원은 당시 지식청년(知青)의 복장을 하고 서빙하고 있었다. 지식청년은 문화대혁명 시기에 봉사와 노동을 위해서 도시의 학교에서 농촌에 하향한 청년을 말한다. 이 식당은 2000년에 창업한 샤먼의 한 회사의 연쇄점이다. 난닝의 홍색 식당처럼 이 식당도 지방기업이 운영하거나 관리하는 식당이다.

인민공사를 테마로 한 식당

홍색 식당의 테마는 다양하다. 장쑤 난퉁에는 과거 집단농장인 인민공사를 테마로 하는 식당도 있다. 식당 이름은 홍치공사투차이관(红旗公社土菜馆)이었다. 벽면에는 인민공사 시절의 분위기가 있는 포스터가 붙어 있다. "동지들이여 식사하세요(同志们开饭啦)"란 글귀도 있다. 이 시절을 연상시키는 그림이 있는 접시도 있다. 이곳에도 마오쩌둥의 초상화가 붙어 있다.

식당의 홍색 테마는 광범위하다. 단골 홍색 테마는 마오쩌둥, 혁명 시대, 인민공사, 대약진, 문화대혁명이다. 홍색 식당만 있는 것도 아니다. 소상인이 문혁이나 그 이전 복장을 하고 물건을 팔기도 한다. 중산의 쑨중산 기념관 앞에는 젊은 여성이 인민해방군 군복과 모자를 착용하고 녹두 아이스케이크를 길거리에서 팔고 있었다.

민족주의적 정서가 마케팅의 대상

홍색 식당은 추억을 활용하거나 과거에 대한 호기심을 자극하는 마케팅이다. 한국에도 이런 종류의 마케팅을 하는 식당을 흔히 볼 수 있다. 전쟁 시대나 가난했던 시절의 소품이나 사진을 전시한 식당들이다. 1960대와 1970년대의 학용품을 전시한 식당도 있다. 중국도 마찬가지다.

중국의 홍색 식당은 보통 1920년대부터 문화대혁명 시대를 대상으로 하는 경우가 보통이다. 이렇게 본다면 1967년 이전에 출생한 문혁 2세대와 문혁 1세대를 대상으로 한 추억과 회상의 마케팅이다. 개혁개방 세대와 독생·정보화 세대는 민족주의적 정서를 갖고 있으며, 문혁과 그 이전의 혁명 시대에 대한 호기심을 갖고 있다. 이들 세대의 민족주의적 정서와 호기심도 마케팅의 대상이다. 혁명이 자본이 추구하는 이익을 실현하기 위한 수단이 되는 것이 흥미로운 반전이다.

시진핑 시대에 강화되고 있는 홍색 문화 열풍

최근 중국에서 홍색 트렌드는 광범위하게 나타나고 있다. 홍색 문화 식당은 홍색 트렌드의 하나일 뿐이다. 홍색 트렌드는 기념품, 영화, TV 드라마, 미술, 음악 등에서도 나타난다. 홍색 테마의 상품화다. 홍색 관광도 중요한 홍색 트렌드다. 중국 공산당은 특히 홍색 관광을 중시하고 있다. 오늘날 혁명 성지는 엄청난 관광객을 끌어들이는 관광지구다.

중국 공산당 입장에서는 '꿩 먹고 알 먹고'라고 할 수 있다. 우선 지역경제를 활성화시킨다. 혁명 성지는 아직 개발이 안 되거나 소득 수준이 낮은 미개발 지역이 많다. 관광객 유치는 지역경제에 큰 도움이 되고 있다. 또한 홍색 의식을 강화함으로써 체제를 강화하는 기능도 한다. 홍색 트렌드에서 중국인들의 실용주의적 사고가 엿보인다. 시진핑 시대에 홍색 문화 열풍은 남방 지역 곳곳에서 징후가 뚜렷하다.

시쐉반나 열대식물원

西双版纳热带植物园, Xishuangbanna Tropical Botanical Garden

중국과학원이 운영하는 열대식물원

열대, 아열대, 고산대, 해양성 기후를 포함하는 중국 남방은 다양한 기후대 연구의 중심이 되고 있다. 특히 시쐉반나에서 중국과학원이 운영하는 열대식물원은 열대식물의 보고다. 최근 중국의 최고 영도자인 시진핑, 원자바오 등이 방문한 것으로도 유명하다. 더욱이 영국의 왕세자가 환경보존의 상징 차원에서 방문하였다는 사실은 필자의 호기심을 더욱 자극하였다.

마펑워에서 확인해도 시쐉반나 열대식물원은 국가 5A급 관광지면서 시쐉반나 5대 핫플레이스 중 하나다. 징훙시의 반나버스터미널에서 서쪽으로 한 시간 반을 가서 멍룬현의 열대식물원에 도착했다.

식물왕국의 축소판, 에메랄드의 심장

입장료가 100위안으로 비싼 편이다. 식물원은 크게 반으로 나뉘었다. 식물원의 규모가 거대하기 때문에 전동차를 이용하여 순회할 수 있다. 매표소 직원 말로는 때로는 전동차로 순회하고 때로는 걸어서 관람하여도 각종 정원을 제대로 보려면 다섯 시간이 넘게 걸린다고 한다. 오전에 만팅공원을 관람하고 오후 2시경에 열대식물원에 도착했기 때문에 늦은 감이 있다. 열대식물원을 제대로 보기 위해서는 오전에 관람을 시작해야 할 것 같다.

식물원의 한쪽 면만 전동차를 이용하기로 했다. 한쪽 면만 이용하는 전동차 요금은 1인당 50위안이다. 입장료는 1인당 100위안이다. 동행한 교수의 입장료와 전동차 탑승료를 포함해서 총 300위안을 지불했다. 식물원으로 들어가서 10분 정도 걷고 있는데, 매표소 직원이 뛰어왔다. 2인인 경우 할인이 된다면서 잔돈 20위안을 돌려주었다. 친절한 마음씨다.

각종 열대 희귀식물의 보고

입구 문에서 식물원으로 들어가는데 강을 건너는 다리가 있다. 란창강의 지류다. 다리를 건너서 전동차를 탔다. 1월 초였기에 겨울인데다 숲속이라서 그런지 개방된 전동차 안에서 다소 추위를 느꼈다. 맨 처음 도착한 곳은 용수나무 숲이 있는 룽수원(榕树园)이다. 더 걸어가니 종려나무 정원(棕榈园)이 있다. 못을 둘러싼 종려나무숲이 무척 아름답다. 숲속에 나무마다 이름과 설명을 적은 안내판이 있어 관람에 도움이 되었다. 그 다음 정원인 치화이무원(奇花异木园)은 이전에 보지 못했던 진귀한 꽃과 나무의 천국이었다. 옆에 다이족 간이음식점이 있다.

다이족의 대표적 음식인 파인애플밥과 죽통밥을 맛보았다.

식사 후 전동차로 한 정거장을 더 가니 백향원(百香园)이 있다. 나무의 향기를 즐기면서 백향원의 숲속을 걸었다. 음생(荫生)식물원은 이색적이다. 가습기가 습기를 뿜어내고 있는 밀폐된 공간에서 이름을 알 수 없는 각종 음생식물이 서식하고 있다.

그 밖에도 희귀식물원, 백화원, 남약원(南药园), 수목원, 민족식물원 등 많은 정원이 있다. 세 시간 만에 다 본다는 것은 불가능하였다. 일부만 관람하다가 징훙시의 호텔로 돌아와야 했다.

시솽반나 열대식물원은 중국 최대의 식물원으로서 방대한 면적과 다양한 식물분포를 자랑한다. 중국과학원이 열대식물을 연구하는 데 더할 나위 없는 장소로 보인다. 대규모와 다양성이라는 토대 위에서 각종 분야의 발전이 무궁무진하다. 중국이 갖고 있는 장점이 바로 이

것이다.

시쐉반나 다이족촌

西双版纳傣族园, Xishuangbanna Daizu Garden

모바일 결제를 받지 않는 시골 행상

마펑워를 통해서 다이족촌이 다이족의 주거형태와 생활문화를 경험할 수 있는 관광지임을 확인했다. 다음 날 행선지로 시쐉반나 다이족촌을 택했다.

다이족촌은 징훙시가 관할하는 멍한진에 소재하고 있다. 징훙시 반나버스터미널에서 시골길을 한 시간 정도 달려 조그마한 버스터미널에서 하차하였다. 마침 버스터미널 옆에 한국의 장날을 연상시키는 시장이 열리고 있다. 군고구마를 몇 개 사고 모바일 결제를 하려고 하니 현금을 달라고 한다. 중국에서는 행상들도 어김없이 모바일 결제가 가능하다. 그러나 이런 시골에는 모바일 결제를 받지 않는 행상도 있다.

먼지가 나는 아스팔트 길을 30분 걸어 다이족촌에 도착했다. 입장권을 구입하였다. 정문에 다이족촌이 국가 4A급 관광지라는 안내판이 보인다. 다이족촌은 실제 다이족이 살고 있는 마을이다. 이들은 관광객에게 전통음식과 토속기념품을 팔면서 생활을 영위한다. 정문으로 들어가니 전통의상과 기념품을 파는 가게들이 즐비하다. 태국에서 보았던 전통의상과 별반 달라 보이지 않는다.

다이족 생활문화를 체험할 수 있는 장소

마을은 실제 사람이 사는 가옥으로 이어져 있다. 이 마을의 인구는 1,500여 명이며 가옥 수는 326호에 이른다. 다이족 가옥을 자세히 살펴보았다. 다이족 가옥의 1층은 개방되어 있다. 고온다습한 날씨에 적

합한 구조다. 1층은 주로 관광객이나 거주자가 식사를 하는 장소로 사용되고 있다. 2층은 잠을 자거나 생활하는 장소다. 마을 골목마다 전통악기나 농기구를 체험할 수 있는 장소도 있다.

마을의 중앙에는 커다란 불교사찰이 있다. 만춘만불사(曼春滿佛寺)라는 절이다. 동남아 사찰의 분위기를 물씬 보여주는 이 사찰은 583년에 처음 건축되어 1,400여 년의 역사를 품고 있다.

시솽반나에서 많이 볼 수 있는 푸수이(潑水) 광장도 있다. 서로 물을 뿌리는 축제를 치르는 광장이다. 마을의 골목에서는 닭싸움이 한창이며 이를 구경하는 주민들도 보인다. 주민들의 생활을 관찰하며 자연스럽게 다이족의 주거, 종교, 마을 문화 등을 알 수 있는 민속촌이다.

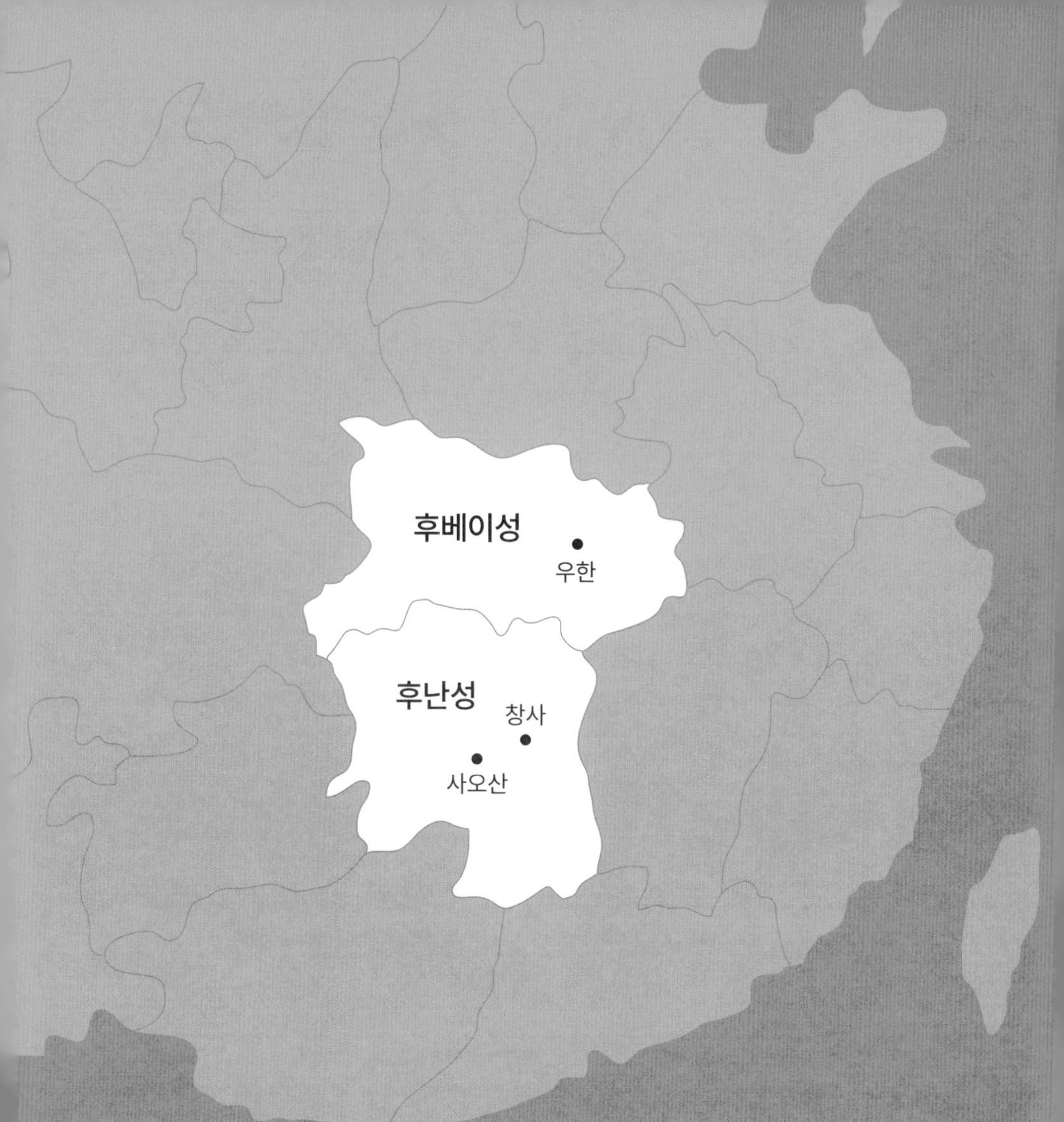

5부 화중 지역

후난　　창사長沙

후난성湖南省 **창사시**長沙市

소개 : 후난성의 성도, 지급시

마펑워 8대 명소 : 쥐쯔저우橘子洲, 웨루산岳麓山, 웨루서원岳麓書院, 타이핑가太平街, 후난사범대학湖南师范大学, 아이완팅愛晩亭, 징강고진靖港古镇, 톈신거天心阁

기차역 : 창사역(1등급), 창사남역(특급), 창사서역

공항 : 창사 황화黄花국제공항

시내교통 : 전철(6개 노선), 버스, 공유차량을 이용하면 편리하다.

광저우남역에서 창사로 가기 위해서 모바일로 기차표를 예매했다. 기차표를 모바일로 구매하기 위해서는 예매 대행 앱인 씨트립이나 정부가 운영하는 앱인 12306이 있다. 이번에는 12306을 이용하기로 했다. 12306을 이용하기 위해 회원가입을 하려면 이름, 여권번호, 출생일자, 이메일, 중국 폰 번호 등을 입력해야 한다. 모바일로 기차표를 구입하더라도 실명제가 적용되는 것이다.

12306에서 검색하니 고속철로 광저우남역에서 창사남역까지는 2등석이 314위안이었다. 위챗페이로 2등석 표를 구매했다. 1등석은 504위안, 비즈니스 석은 995위안이다. 2등석과 가격 차이가 크다. 창사까지 걸리는 시간은 두 시간 40분이다.

고속철역 주위의 아파트형 호텔

2009년에 완공된 창사남역은 베이징-광저우 노선인 징광 고속철로와 상하이-쿤밍 노선인 후쿤 고속철로의 중심역이다. 창사로 오는 기차 안에서 씨트립으로 한 아파트형 호텔을 예약하였다. 기차역에 내려서 예약한 호텔로 전화를 하여 픽업서비스를 요청했다. 아파트형, 경제형 호텔 상당수는 공항 픽업서비스를 제공한다.

전화를 받고 온 호텔 직원의 차로 3킬로미터를 가니 호텔이 나왔다. 호텔은 총 네 동이며, 각 동은 모두 대규모 건물이다. 네 동을 합쳐 객실은 1천 수백 개에 이를 정도다.

이 호텔은 연합호텔의 일부다. 연합호텔은 호텔 부동산 업자가 다수의 중소업자에게 관리를 위임하는 형태다. 개별 중소업자는 건물의 일부 객실을 위임받아 별도의 호텔 이름으로 관리한다. 객실에는 세탁기, 싱크대, 큰 냉장고 등이 구비되어 있다. 문이 열려 있는 다른 객실에서는 가족과 여행 온 중년 여성이 요리를 하고 있다. 이 아파트형 호텔은 하룻밤 가격이 150위안인 경제형 호텔이기도 하다.

신축한 고속철역 주위에 이런 유형의 대규모 호텔을 흔히 볼 수 있다. 창사남역은 내륙의 교통중심지이기 때문에 이동 인구가 많아서 경제

형 호텔의 수요가 충분하다.

쥐쯔저우

橘子洲, Orange Isle

다음 날 마펑워가 창사의 인기순위 1위로 소개한 쥐쯔저우로 향했다. 창사의 전철은 현재 두 개의 노선만 개통되어 있다. 전철 주변에 중요한 관광지가 있기 때문에 전철을 이용하는 것이 가장 편리하다. 쥐쯔저우 전철역에서 하차해서 지상으로 올라오면 바로 샹(湘)강의 거대한 모래섬 안이다. 이 모래섬이 바로 쥐쯔저우다. 샹강은 양쯔강의 지류다. 화중 지역과 화동 지역의 남방도시 가운데 양쯔강의 본류나 지류에 위치한 도시가 많다. 창사도 그런 도시다.

쥐쯔저우는 10리에 이를 정도로 긴 섬이기 때문에 섬을 돌아보기 위해서 순환버스를 탔다. 순환버스에서 돌아본 섬은 전체적으로 길쭉한 형상이다. 폭이 좁은 경우는 40미터이며 넓은 경우는 140미터라고 한다.

청년 마오쩌둥의 역사가 있는 쥐쯔저우

한참 가니 원톈타이(问天台)가 나온다. 마펑워와 바이두백과에 따르면 1913년에서 1918년 사이에 청년 마오쩌둥이 후난성 제1사범학교에 재학 중일 때 자주 샹강에서 수영하고, 미래의 변혁을 동학들과 논의한 장소가 쥐쯔저우라고 한다. 원톈타이는 이를 기념하기 위해서 만든 것이다.

쥐쯔저우라는 지명에서 쥐쯔(橘子)는 귤을 말한다. 원래 귤이 많이 나는 지역이었다고 한다. 창사가 외국과 통상항구가 된 1904년부터 쥐쯔저우에는 영국 영사관 등이 들어섰다. 민국 시기에는 외국인들이 모

이는 장소였다.

상승하는 마오쩌둥의 지위

쥐쯔저우가 유명해지게 된 계기는 1925년이다. 광저우에서 농민운동을 지도하기 위해서 후난에 와 있던 마오쩌둥이 쥐쯔저우를 다시 유람하면서 〈친위안춘 · 창사(沁园春 · 长沙)〉라는 짧은 시를 창작한 것이 계기가 되었다. 이 짧은 시는 다음과 같다. "独立寒秋, 湘江北去, 橘子洲头, 看万山红遍, 层林尽染." 이 글을 해석하면 다음과 같다. "깊어가는 가을날, 쥐쯔저우에 서니 샹강이 북쪽으로 유유히 흘러가고 산은 온통 붉은빛으로 물들고 층층이 나무들도 물들었네."

원톈타이 바로 옆에 그 유명한 청년 마오쩌둥 조각이 있다. 이 조각은 1925년에 〈친위안춘 · 창사〉를 창작하던 그 시절의 청년 마오쩌둥을 기념하기 위한 것이다. 쥐쯔저우의 명소 가운데 가장 많은 인파가 모이는 곳은 단연 마오쩌둥의 이 거대한 두상이었다. 모두들 마오쩌둥의 두상을 배경으로 사진 촬영에 열심이다. 거대한 마오쩌둥의 두상과 그 주변의 많은 인파를 통해서, 시진핑 시대 이후 마오쩌둥의 지위가 향상되었음을 확인했다.

발전하는 창사

쥐쯔저우 북쪽에는 쥐쯔저우대교가 보인다. 샹강대교라 불리기도 하는데, 우이(五一)광장의 서단에서 쥐쯔저우를 지나서 잉완전(溁湾镇)에 이르는 대교다.

창사의 상주인구는 2017년 기준으로 792만 명이다. 상주인구는 6개월 이상 거주한 인구를 말한다. 경제적으로 보면 창사는 동남부 해안 대도시에 비해 활력은 떨어진다. 후난의 인구는 광둥 등 남방 대도시로 이동하는 것이 가장 큰 추세다. 창사의 인구 흡인력은 광저우와 선전, 주하이에 비해 떨어진다. 하지만 번화가의 규모는 매우 크고 샹강 옆의 빌딩숲도 발전의 정도를 보여주고 있다. 실제 인근 장시의 성도인 난창보다 창사의 경제 규모는 2.5배에 이른다.

류사오치 기념지구

刘少奇故里景区, Museum of Comrades Liu Shaoqi

창사에서 마오쩌둥의 고향인 사오산으로 가는 길에 류사오치 기념지구가 있다. 류사오치 기념지구는 닝샹시 화밍러우진에 소재한다. 닝샹시는 현급시이며 호적을 가진 총인구는 142만 명이다. 닝샹시는 창사시의 관할하에 있다. 엄밀히 말하면 류사오치 기념지구는 창사에 있는 셈이다. 창사 중심부에서 류사오치 기념지구가 있는 화밍러우까지는

버스로 한 시간 반이 소요된다.

류사오치 기념지구는 필자가 예상한 것보다 훨씬 규모가 크다. 패루에는 "류사오치 구리(故里)"라는 큰 글자가 새겨져 있다. 패루를 지나면 바로 류사오치 동상이 나온다. 동상 앞에는 장쩌민(江泽民)의 친필도 보인다.

류사오치 생가에는 총 21칸 반의 방이 있다. 집의 형태는 흙과 나무로 지은 강남의 일반적인 사합원이다. 규모로 보아 류사오치가 지주의 아들임을 알 수 있다.

1988년 개관한 류사오치 기념관의 정문 현판에는 "류사오치 동지 기념관(刘少奇同志纪念馆)"이라고 쓴 덩샤오핑의 친필도 있다. 기념관에서는 류사오치의 일대기를 확인할 수 있다.

1959년에 국가주석까지 맡은 류사오치는 1966년 문화대혁명 이후

수난을 당하면서 1969년에 병사하였다. 1970년대 말 덩샤오핑 시대가 시작되면서 류사오치는 복권된다. 바이두백과에서 보면, 1980년에 류사오치 생가가 개방되었고 1988년에는 기념관도 개관되었다. 개관 이래 후진타오, 장쩌민, 원자바오, 리창춘(李长春), 시진핑, 리커창(李克强), 허궈창(贺国强) 등 중국 최고 지도자가 참관한 기록으로 보아 덩샤오핑 시대 이후 류사오치는 국가주석에 걸맞은 대우를 받고 있음을 알 수 있다.

후난 사오산韶山

후난성湖南省 **사오산시**韶山市

소개 : 현급시

마펑워 3대 명소 : 마오쩌둥생가毛主席, 디수이둥滴水洞, 마오쩌둥동상毛主席铜像

기차역 : 사오산남역, 사오산역

공항 : 공항은 없다. 사오산 공항이 계획 중에 있다.

시내교통 : 전철은 없다. 창사에서 출발하는 단체관광버스를 이용하면 편리하다.

필자가 보기에 후난 사람은 자부심이 강하다. 후난은 문화적 특성도 강하다. 대표적으로 후난 요리는 중국에서 손꼽히는 요리 가운데 하나다. 필자가 알고 있는 난창대학의 한 교수는 후난 사람이다. 그는 만나면 가끔 중국의 위인 가운데 후난 출신이 많다는 자랑을 하기도 한다. 실제 마오쩌둥과 류사오치와 더불어 양무운동의 핵심 중신이었던 쩡궈판(曾国藩)이 후난 출신이다. 후난 출신의 대표적인 인물인 마오쩌둥을 이해하기 위해서 그의 생가가 있는 사오산으로 향했다.

마오쩌둥 생가 기념지구

毛泽东同志故居景区, Mao Zedong's former Residence

푸위안마오씨 전시관

류사오치 기념지구에서 마오쩌둥 기념지구까지는 버스로 30분이, 창사 중심부에서 마오쩌둥 기념지구까지는 버스로 두 시간이 걸린다. 마오쩌둥 기념지구는 마오쩌둥의 고향인 사오산에 있다. 20세기 중국을 이끌었던 두 거목이 버스로 불과 30분 거리에서 출생했다는 점이 흥미롭다. 사오산시는 지급시인 샹탄시가 관할한다.

사오산 자체는 하나의 거대한 마오쩌둥 기념지구라는 느낌이 든다. 푸위안마오씨 전시관(福源毛氏展览馆)으로 향했다. 이곳은 마오쩌둥의 조상과 부모를 소개하고 마오쩌둥의 간단한 일대기를 소개한 전시관이다. 다른 전시 공간에는 마오쩌둥이 1959년에 고향에 다시 와서 〈치류다오사오산(七律到韶山)〉이라는 시를 썼다는 기록도 있다. 전시관 한편에는 마오가 직접 썼다는 복(福) 자가 있다. 안내인에 따르면 이 글자를 손으로 만지면 복이 온다고 한다.

이 전시관의 또 다른 공간에는 황금색 도금을 한 마오쩌둥이 한 손을 들고 있는 동상이 중앙에 있다. 참배객들이 경건한 자세로 동상에 고개를 숙이고 있다. 기도하면서 복을 구하는 모습이다. 5분 이상 동상을 향해서 참배를 한 후 밖으로 나간다. 마오쩌둥을 숭배하는 종교 사원 같은 느낌이 들 정도였다.

마오쩌둥 광장과 생가

마오쩌둥 광장으로 향했다. 너른 광장의 중앙에 거대한 마오쩌둥 동상이 있었다. 참배객들이 아주 많다. 열 명 정도씩 헌화하면서 경건하게 절을 한다.

경내가 워낙 크기 때문에 순환버스를 타고 마오쩌둥의 생가로 향했다. 생가는 마오쩌둥이 1893년에 출생하고 나서부터 1910년까지 17년간 거주했던 집이다. 1925년에서 1927년 사이에는 마오쩌둥이 농민운동을 지도하기 위해 귀향하여 각종 소형 회의를 개최하기도 했다. 중국 공산당 사오산 지부를 조직하던 곳이기도 하다.

생가는 총 13칸 반이다. 21칸 반인 지주 가정 출신의 류사오치의 생가와 비교해서 마오의 생가는 부농에 해당하는 규모다. 마오쩌둥의 생가는 흙과 나무로 만든 남방식 농가다. 내부에 마오쩌둥의 침실 겸 서재도 있다. 1925년 6월 침실에서 몇 명의 중국 공산당 입당 선서의식이 거행되었으며 중국 공산당 사오산 지부가 조직되었다고 한다. 농가의 규모가 비교적 크고, 가족 구성원 각자의 방을 구비하고 있었다.

마오쩌둥 기념관

마오쩌둥 기념관에는 마오쩌둥의 일대기를 전시하고 있다. 소학당을 다니던 어린 시절에 마오쩌둥이 캉유웨이(康有为)와 량치차오(梁启超)의 무술변법운동에 영향을 받았다는 전시물이 눈에 띈다. 옆에 마오쩌둥 도서관도 보인다. 마오쩌둥 기념지구의 규모도 엄청나지만 인파도 엄청나다. 시진핑 시대 이후 마오쩌둥의 지위가 향상되었음을 느낄 수 있었다. 동행한 중국인들도 이런 견해에 동의하였다.

기념지구나 내부 각종 기념관의 입장료는 거의 무료다. 하지만 이동버스, 기념품점, 사진사, 호텔, 식당 등은 엄청난 수익을 거두고 있다. 수익을 실현하는 상인이나 기업은 많은 사람들을 고용할 수 있을 것이다. 사오산의 가장 큰 산업은 마오쩌둥 산업이라는 생각이 든다. 마오쩌둥 산업을 통해서 사오산의 지역경제가 상당히 유지된다고 해도 과언이 아니다. 외지인을 끌어들이는 흡인력은 바로 마오쩌둥에게 있다. 이 점이 어느 지역보다 후난 사람들이 마오쩌둥을 존경하는 이유가 아닐까?

실존 인물에 대한 종교적 숭배

중국은 종교가 발전하기 어려운 상황이나 실존 인물에 대한 종교적 숭배는 존재한다. 고대 인물로는 관우나 제갈량에 대한 숭배가 있다. 현재 생존 인물로는 대표적으로 알리바바의 마윈을 재물신으로 모시는 모습도 보인다.

현대사의 영도자에 대한 종교적 숭배도 존재한다. 마오쩌둥이 대표적이다. 사오산을 방문한 노인들이나 중년층에게 마오쩌둥은 종교적 숭배의 대상이다. 마오쩌둥 기념지구의 엄청난 인파와 경건한 숭배 분위기에서도 확인할 수 있었다.

후베이 우한武汉

후베이성湖北省 **우한시**武汉市

소개 : 후베이성의 성도, 부성급시

마펑워 8대 명소 : 우한대학武汉大学, 황허러우黄鹤楼, 후베이성박물관湖北省博物馆, 둥호东湖, 우한창강대교武汉长江大桥, 칭촨거晴川阁, 귀원사归元寺, 구친타이古琴台

기차역 : 우창역(특급), 한커우汉口역(특급), 우한역(특급), 광구光谷역, 신한양新汉阳역

공항 : 우한 톈허天河국제공항

시내교통 : 전철(10개 노선), 버스를 이용하면 편리하다.

창사남역에서 우한역까지는 고속철로 한 시간 40분 거리다. 요금은 164위안이다. 우한은 중부 6성 가운데 유일한 부성급시다. 부성급시는 지급시보다 행정상 한 급이 높은 도시다. 여기서 중부 6성은 후베이를 포함해서 허난, 산시, 장시, 후난, 안후이를 말한다.

내륙의 교통과 과학교육의 중심지

우한은 중국의 교통중심지다. 베이징 - 광저우 기차 노선인 징광선과 양쯔강이 만나는 지점에 위치해 있기 때문이다. 사실상 중국 내륙에서 수륙공 교통의 중심도시라 할 수 있다. 2017년에 상주인구는 1,091만 명이다.

또한 우한은 중국 4대 과학교육 중심도시인 베이징, 상하이, 우한,

난징 가운데 하나다. 도시를 여행하면 대학교가 무척 많다는 사실을 금방 알 수 있다. 2017년에 2~4년제 대학이 88개나 된다. 대학원생이 11만 5천 명이며 전문대 학생을 포함하는 학부생은 95만 6,800명에 이른다. 명문 대학도 적지 않다. 교육부 직속 전국 중점대학이 일곱 개나 된다. 인구의 구성이 이러하다 보니 1인당 소비 가운데 40%에 육박하는 비중이 음식이라는 보도도 있다.

명문 대학

이런 도시의 특성을 살펴보기 위해서 먼저 명문 대학 가운데 하나인 우한이공대학으로 향했다. 이동하는 과정에서 호수가 많이 보인다. 실제 수역면적이 도시 총면적에서 차지하는 비중이 4분의 1이라고 한다. 언뜻 미국 시카고와 같다고 느꼈다.

중국에서 네 번째로 큰 대학, 우한이공대

학생 수가 6만 명인 우한이공대학은 중국에서 네 번째로 학생이 많은 대학이다. 동시에 985공정대학이면서 211공정대학이기도 하다. 우한이공대 캠퍼스는 너무 넓어 걸어서 참관하기는 어렵다. 전부터 알던 교수가 자동차로 안내를 해주었다. 마팡산캠퍼스, 난호신캠퍼스, 젠호캠퍼스는 지하도로와 육교로 연결되어 있다.

그 가운데 난호신캠퍼스는 규모가 방대하다. 우한이공대에는 도서관이 네 개 있는데, 도서관 본관은 난호도서관이다. 이 도서관이 가장 크고 관리사무실도 이 도서관에 있다. 강의동의 규모도 대단히 크다.

다른 중국의 명문 대학처럼 우한이공대학도 세계적인 수준의 대학으로 가기 위해 각종 목표를 세우고 있다. 대학평가를 위한 준비에도 분주하다. 교수들에 대한 실적 요구도 만만치 않아서 교수들도 강의와 연구에 바쁘다고 한다.

호수 옆의 화중사범대

211공정대학이면서 985공정대학인 화중사범대는 우한이공대 바로 옆에 있다. 가는 길에 난호가 보인다. 역시 우한은 호수의 도시다. 구이쯔(桂子)산에 자리한 화중사범대는 28개의 단과대학을 보유하고 있다. 주로 인문사회 계열 학과가 대부분이며, 기초자연 계열 학과 일부 그리고 음악대와 미술대도 있다.

재중동포 교수가 소장으로 있는 한국문화연구소가 있어서 방문해 보았다. 화중 지역에는 한국인이 많지 않고 한국 관련 연구소도 거의 없다. 베이징이나 상하이의 한국 관련 연구소에 비해서 규모도 역시 작다. 그러하기에 이런 명문 대학의 연구소는 이 지역에서 나름의 역할이 클 것으로 생각한다. 우한의 두 명문 대학을 참관하며 약진하는 중국 대학의 모습을 확인할 수 있어서 의미가 있었다.

저녁 식사 후 호텔로 돌아가는 길에 잠깐 내려서 호수와 어우러진 도시의 야경을 감상했다. 양쯔강의 야경도 사진으로 담았다. 강 중류

임에도 불구하고 강폭은 대단히 컸다. 큰 화물선과 여객선도 보인다. 중국 중부 지역의 중심도시로서 우한은 또한 내륙 철도와 내륙 수운이 만나는 교통중심지라는 사실을 확인할 수 있었다.

참고 자료

1. 네이버 중국(2018)

* 본문 중 다음은 '네이버 중국'에 게재한 저자의 글을 수정하여 실었다.

· 낡은 통조림 공장의 변신, 광저우의 붉은 벽돌공장 창의단지
· 흔적이 남는 사회, 추적 가능한 사회
· 량차로 성공한 구춘탕, 1년에 100만 잔씩 팔리는 허브 젤리
· 한류, 하나가 아냐! 주하이서 만난 다양한 한류
· 중국의 보석매장 이름이 비슷한 이유는?
· 조선족이 집 샀다고 자랑한 곳, 단둥 아닌 여기!
· 대만계 밀크티업체 '이뎬뎬'이 최근 급성장한 이유는?
· 닝보에 있는 아시아에서 가장 오래된 도서관
· 동방의 유태인 만든 가내수공업 천국 '원저우 모델'
· 제2의 마윈 꿈꾸는 '드림 타운'
· 복을 주는 도시, 푸저우... 여기에 오면 기운을 받습니다
· 외세침탈조차 관광자원으로 바꾼 구랑위
· 이열치열! 뜨끈한 오리 선짓국 어때요?
· 로마 진실의 입처럼... 마시면 청렴한지 알 수 있는 우물이 있어?
· 헝그리정신으로 포르투갈까지 진출했던 후이상(徽商)
· 동지여 식사하시오! 여행도 복고풍... '레드 투어'로 물든 중국
· 야경은 도시의 경쟁력이다

2. 책

『장보고, 김구, 앙드레 김』(글 이우탁, 동아시아, 2006)

3. 바이두

〈凭什么？万州获得"高铁新秀"称号！全国仅七个〉, 〈为什么中国的珠宝品牌都姓周？〉, 〈星巴克全球最大门店今日上海开业 面积达2700平米〉, 〈一点点，你凭什么这么火〉, 〈梦想小镇，是"梦开始的地方"〉

4. 바이두백과

〈沙湾古镇〉, 〈广州北京路〉, 〈陈家祠〉, 〈红砖厂〉, 〈M50创意园〉, 〈海天走廊〉, 〈广州通海夷道〉, 〈潮汕〉, 〈客家〉, 〈下坝坊〉, 〈可园〉, 〈珠海〉, 〈凉茶〉, 〈古春堂〉, 〈扬名广场〉, 〈横琴新区〉, 〈珠海长隆国际海洋度假区〉, 〈深圳科技园〉, 〈F5未来商店〉, 〈周大福〉, 〈周六福〉, 〈南宁东盟商务区〉, 〈南宁华润中心〉, 〈南宁会展中心〉, 〈印象 · 刘三姐〉, 〈刘三姐〉, 〈田子坊〉, 〈石库门〉, 〈天一阁〉, 〈月湖〉, 〈高丽使馆遗址〉, 〈沈清(韩国著名的孝女)〉, 〈杭州梦想小镇〉, 〈鼓浪屿〉, 〈环岛路〉, 〈鸭血粉丝汤〉, 〈包公祠〉, 〈徽州〉, 〈徽商〉, 〈徽商银行〉, 〈宏村镇〉, 〈敬德堂〉, 〈重庆火锅〉, 〈火锅之都〉, 〈两江新区〉, 〈洪崖洞〉, 〈春熙路〉, 〈锦里〉, 〈昆明螺蛳湾国际商贸城〉, 〈义乌模式〉, 〈义乌中国小商品城〉, 〈大理古城〉, 〈大理白族自治州〉, 〈大理古城〉, 〈滇池〉, 〈洱海〉, 〈丽江古城〉, 〈云贵高原〉, 〈丽江〉, 〈九乡风景区〉, 〈天门山〉, 〈西双版纳〉, 〈景洪〉, 〈曼听公园〉, 〈总佛寺〉, 〈刘少奇故里景区〉, 〈武汉理工大学〉

5. 설문 조사

*본문 33쪽 '위챗 의존도'의 내용은 필자가 직접 설문 조사한 결과를 근거로 작성하였다.

주제

위챗이 중국인의 실생활에 미치는 영향력

기간

2018년 1월 초~중순

방법

설문 조사, 시험 등의 목적으로 중국에서 많이 쓰이는 원촨싱(问卷星) 앱을 이용하여 성별, 연령별, 위챗 시작년도, 하루 사용시간, 하루 사용횟수 다섯 가지 문항을 질문하였다.

설문 대상자에게 "위챗은 전 범위를 포괄"하는 것으로 미리 정의하였다. "즉시통신, 모멘트, 텐센트 서비스, 제3자 서비스(기차표, 비행기표, 호텔, 디디추싱, 메이퇀와이마이, 모바이크 등)"와 같이 위챗과 관련된 기능도 포괄하는 것으로 정의하였다. 원촨싱에서 문항 작성 후 설문 문항을 복사하여 위챗을 통해서 개별적으로 설문 대상자에게 직접 보냈다.

대상

필자의 수백 명 위챗 평유 가운데 중국외거주자와 비중국인을 제외한 중국인을 대상으로 했다. 설문 대상자는 대부분 대졸이며 대학 재학생도 있다. 모두 도시 거주자다. 이렇게 함으로써 학력과 도농 차이의 영향이 없도록 하였다. 위챗 사용자라서 실제보다 다소 높게 나올 수 있다는 점과 응답자는 비응답자보다 더 많이 사용할 수 있다는 점을 고려하여 위챗을 자주 사용하지 않는 사용자의 응답도 촉구하였다. 거주 지역과 연령대도 고르게 분포되도록 고려하였다.

결과

총 81명이 응답하였다. 남녀 비중은 비슷하다. 1990년대생은 14.8%, 1980년대생은 30.9%, 1970년대생은 35.8%, 1950년대생과 1960년대생은 18.5%다. 위챗 사용 시작연도는 2011년이 27.2%, 2012년이 22.2%, 2013~14년이 37.0%, 2015~18년이 13.6%다. 하루 사용시간은 7시간 이상이 19.8%, 5~7시간이 21.0%, 3~5시간이 22.2%, 3시간 이하가 37%다. 하루 사용횟수는 60회 이상이 29.6%, 40~59회가 17.3%, 20~39회가 32.1%, 0~19회가 21.0%다. 예상대로 사용시간이 높다. 알리페이 등을 포함한다면 사용시간이 이보다 높을 것이다.